滑坡变形雷达遥感监测方法与实践

廖明生　张　路　史绪国
蒋亚楠　董　杰　刘宇舟　　著

U0264589

科 学 出 版 社

北 京

内 容 简 介

雷达遥感是遥感科学技术的重要分支，可以大面积快速获取高精度地表微小形变信息，近年来在地质灾害监测方面逐渐得到了广泛应用。本书结合作者多年来从事雷达遥感滑坡变形监测研究成果，兼顾基本原理、前沿发展和应用需求，由浅入深地针对不同滑坡的特点给出了具体的解决方案，为读者提供了较为全面的参考案例，并将提取到的形变序列与影响滑坡体稳定性的主要因素进行耦合分析，进一步深化了雷达遥感技术在工程地质领域的应用。

本书体系结构相对完整，可供从事地质灾害监测、测绘、遥感、工程地质、资源调查、地球物理和电子信息等领域的研究人员、工程技术人员和大专院校师生参考阅读。

图书在版编目（CIP）数据

滑坡变形雷达遥感监测方法与实践/廖明生等著. —北京：科学出版社，2017.9
ISBN 978-7-03-054444-5

Ⅰ.①滑…　Ⅱ.①廖…　Ⅲ.①雷达技术-应用-滑坡-地质遥感　Ⅳ.①P627

中国版本图书馆 CIP 数据核字（2017）第 221099 号

责任编辑：杨光华 / 责任校对：董艳辉
责任印制：徐晓晨 / 封面设计：苏　波

科 学 出 版 社 出版
北京东黄城根北街 16 号
邮政编码：100717
http://www.sciencep.com

北京凌奇印刷有限责任公司 印刷
科学出版社发行　各地新华书店经销
*
开本：787×1092　1/16
2017 年 9 月第 一 版　印张：12 1/4
2020 年 6 月第二次印刷　字数：287 500
定价：108.00 元
（如有印装质量问题，我社负责调换）

前　　言

我国地质灾害发生十分频繁且灾害损失极为严重。在常见的各类地质灾害中,滑坡数量占灾害总量超过70%。其中,大型滑坡往往具有隐蔽性和突发性,难以主动防范和预测预警,对人民生命财产造成巨大损失并对社会公共安全构成严重威胁。随着我国综合国力的逐步增强,地质灾害防治工作逐渐从被动避灾、治灾转向主动防灾、减灾。事先发现和识别地质灾害隐患并实施科学的监测预警是变"被动"为"主动",减少甚至避免造成群死群伤灾难性地质灾害事件发生的最重要手段。在滑坡的研究和灾害监测中,变形量是反映斜坡体当前稳定性及运动状态最直接的物理量。对坡体实施变形监测,可以客观真实地记录坡体变形的发展演变过程,对准确掌握坡体的现状以及预测坡体变形的发展趋势具有重要意义。因此,变形监测是研究滑坡演化规律最直接、有效的手段,并可为滑坡灾害早期识别和预报预警提供重要的决策依据。

滑坡灾害通常发生在地形地貌复杂的山区,在实际工程应用中,开展变形监测工作相对其他领域更为困难,常规的变形监测手段尤为费时费力,而雷达遥感方法显现出令人瞩目的优势。雷达遥感是遥感科学技术的重要分支,可以大面积快速获取高精度地表形变信息,近几年来在地质灾害监测方面得到了广泛应用。但是,在具体工程实践中尚存在许多实际困难,需要面向不同的具体应用需求来选择适当的解决方案。例如,合成孔径雷达数据中记录了相位和幅度信息,既可以利用相位信息来测量微小形变,监测精度可以达到厘米甚至毫米级,也可以利用影像中的幅度信息来探测年均几十厘米甚至数米量级的快速形变。

鉴于目前雷达遥感与滑坡研究的交叉领域中的专著在国内外尚不多见,我们梳理了近几年来的研究成果和实践案例形成本书,希望能够起到抛砖引玉的效果。考虑到可供不同领域的研究人员和工程技术人员参考和借鉴,力图保持本书的体系结构相对完整,兼顾星载雷达遥感变形监测的原理方法、前沿发展和实际应用案例等内容,针对不同的应用场景和目的给出具体的解决方案。

本书主要取材于作者近几年来承担的国家973计划课题"多源观测数据与滑坡机理模型同化理论与方法研究"(课题编号:2013CB733205)和"滑坡多源传感器网络立体观测研究"(课题编号:2013CB733204)以及三峡库区三期地质灾害防治重大科研项目"滑坡体雷达(微波)卫星变形监测数据处理系统研究"(课题编号:SXKY3-6-4)等的研究工作,主要内容来源于课题的研究报告,部分内容来源于所指导的研究生毕业论文,其中有些内容已在国内外有关的刊物上发表。除了作者之外,还有许多同事和研究生参与了相关的研究工作,对于本书的形成也有重要贡献。国家973计划项目"西部山区大型滑坡致灾因子识别、前兆信息获取与预警方法研究"首席科学家黄润秋教授和专家组、项目研究团队对于我们课题的研究工作给予了诸多指导,亲密无间的讨论和碰撞使我们受益匪浅。长期以来,李德仁院士、张祖勋院士、郭华东院士、龚健雅院士和 Fabio Rocca 教授等对于我们在滑坡监测领域的拓展研究给予了坚定的支持。在本书完稿之际,向上述学者和同事一并表示衷心的感谢。此外,本书相关研究工作所使用的星载雷达数据由欧洲空间局(ESA)、德国宇航局(DLR)和日本宇航局(JAXA)等分别通过中欧合作"龙计划"、TerraSAR-X AO 项目和 ALOS-1/ALOS-2 RA 项目提供,在此对这些机构多年来给予的大力支持致以诚挚的谢意。

本书作者之一于 2014 年在科学出版社出版了《时间序列 InSAR 技术与应用》一书,比较全面地阐述了近几年来发展迅速的时间序列 InSAR 分析方法及其应用。当时限于该书篇幅,有关滑坡变形监测方面的内容略有涉及而无法展开。因此,读者可以将该书看作本书的姊妹篇一并参考,或许有更好的阅读效果。无论如何,雷达干涉测量技术及其应用仍然处于不断发展之中,本书作者尽力将近几年来的研究成果进行了整理。但是,局限于作者的水平,书中不足之处在所难免。成书过程中,作者还参考了国内外的许多著作和研究论文,虽然在参考文献中尽量列出并加以引用,仍然难免有疏漏之处。敬请各位专家和读者批评指正。

作　者
2017 年初夏于武汉大学星湖

目　　录

第 1 章

绪　　论

　　滑坡是我国最主要的地质灾害,因此滑坡变形监测是我国地质灾害防治工作中的一项重要任务。本章首先阐述滑坡灾害的危害性和主要影响因素,然后通过总结比较各种滑坡变形监测技术手段的优缺点,指出星载雷达遥感具有的独特优势和应用价值,在此基础上回顾总结面向滑坡监测的雷达遥感技术方法与应用研究动态,最后简要介绍本书的主要内容与组织结构安排。

1.1 滑坡灾害概述

我国是世界上地质灾害发生最为频繁的国家之一,地质灾害具有种类繁多、分布广泛且危害性大的特点。地质环境脆弱敏感、气象条件复杂多变以及人类活动的影响,是造成我国地质灾害频发的主要原因(Huang,2009;Schuster et al.,2001;Au,1998)。据国土资源部发布的《中国地质环境公报》披露,2001~2011 年,我国共发生地质灾害 310 853 起,造成 10 220 人死亡和失踪,直接经济损失 434.45 亿元。根据国土资源部地质灾害应急技术指导中心编制发布的《全国地质灾害通报》(2010~2014 年),2010~2014 年,我国共发生地质灾害 86 074 起,造成 4 636 人死亡和失踪,直接经济损失约 312 亿元(图 1.1),由此引起的交通设施中断、生产生活设施破坏等带来的间接经济损失更是难以估量。

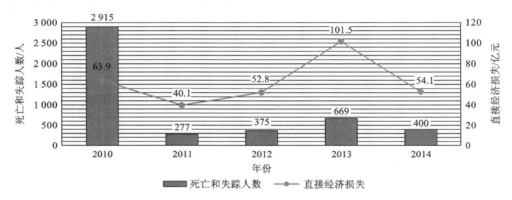

图 1.1 我国因地质灾害造成的死亡和失踪人数及直接经济损失
(据《全国地质灾害通报》(2010~2014 年))

在我国常见的各类地质灾害中(图 1.2),滑坡数量占地质灾害总量的 70% 以上,是发生在山区最主要的地质灾害类型(李媛 等,2004)。滑坡是指斜坡上的土体或岩体在重力作用下沿着贯通的剪切面顺坡向下滑动的地质力学现象(唐辉明,2008)。滑坡灾害是以岩土类型、地质构造、地形地貌等为内因,以降雨、融雪和地震等为自然外因,以开挖爆破、水库蓄水排水等为人为外因,经内外因综合作用而触发的复杂地质过程。在众多影响因素中,内因在该过程中占据主导地位,其中,岩土类型和地质结构为滑坡的产生提供了物质基础,地形特征则为滑坡的产生提供了可能环境。只有当斜坡具备了发生滑坡的基本内在条件,再加上大气降水、地下水变化及地震等自然因素,或人工开挖、爆破及堆填加载等人为因素的作用才有可能触发滑坡灾害。

我国滑坡灾害频发的主要原因包括(曾裕平,2009;黄润秋,2007):

(1)我国 2/3 的国土面积是山地,地貌类型复杂,地表起伏大,斜坡容易在加强的重力作用下失稳。

(2)地处太平洋板块和亚欧板块的交界处,地壳运动强烈,为地震诱发滑坡提供了条件。

(3)季风气候显著,降水集中在夏季,为滑坡发生提供了有利的诱发因素。

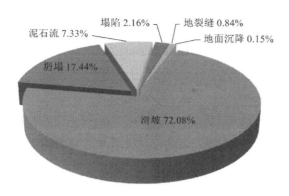

图 1.2　我国主要地质灾害的类型构成

（据《全国地质灾害通报》（2010～2014 年））

（4）随着经济的发展，人类工程活动越来越频繁，任何破坏斜坡稳定条件的人类活动都可能诱发滑坡。

滑坡作为一种常见的地质灾害，其分布具有广泛性和相对集中性的地域特征。空间上主要分布在山区：从我国的太行山到秦岭，经鄂西、四川、云南到藏东一带滑坡发育密度极大（乔建平，1997）；青藏高原以东的第二级阶梯，特别是西南山区和三峡库区为我国滑坡灾害的重灾区（王尚庆 等，2011；黄润秋，2007）。而在时间分布上，滑坡灾变的发生具有明显的季节性，多发期集中在冰雪融化期和雨季汛期，尤其是大雨、暴雨、久雨的季节。

根据中国地质灾害数据库，1949～1995 年发生的滑坡灾害中，68.5%由降雨诱发，其他触发因素包括库水位涨落和地震等，占同一时期滑坡灾害的 31.5%。据统计，形成滑坡的外部因素中，90%以上的滑坡都与水的作用有着极为密切的关系。水之所以是影响边坡稳定最重要、最活跃的外在因素，主要原因在于水一旦渗入斜坡岩土体内，将会增加坡体容重并产生软化作用，降低岩土的抗剪强度，加大孔隙水压力，进而可能诱发滑坡失稳。水的来源主要包括大气降水、地表水、地下水。其中，大气降水和地表水又可以转化为地下水，与斜坡岩土体发生上述复杂作用。总之，水的作用可以改变组成边坡的岩土的性质、状态、结构和构造等，从而影响坡体稳定性，诱发滑坡灾害。

降水尤其是持续性强降雨往往是造成滑坡灾害的主要诱因。例如，2003 年 7 月 13 日，位于三峡库区长江支流青干河左岸的湖北省秭归县沙镇溪镇千将坪村因连日暴雨突然发生滑坡，据统计共造成 14 人死亡、10 人失踪、346 间房屋倒塌、1 067 亩[①]农田毁坏，导致 4 家企业全部毁灭，严重破坏了道路等基础设施，造成直接经济损失超过 5 735 万元（Wang et al.，2008a）。2013 年 1 月 11 日，受连续雨雪浸泡影响，云南省昭通市镇雄县赵家沟村附近高处山体发生滑坡，滑坡方量达到 21 万 m^3，造成 46 人死亡、2 人受伤的重大损失。

地震是触发滑坡灾害的另一重要诱因，强烈地震对山区地表巨大的破坏力所诱发的滑坡崩塌等次生灾害往往比地震直接造成的损失还要大。我国历史上地震频发，因地震

———————————

① 　1 亩≈666.67m²

而导致的滑坡灾害非常严重,地震滑坡因其巨大的致灾力引起了社会广泛关注(黄雨 等,2010)。尤其是近年来发生在我国西南地区的多起大地震,包括 2008 年四川汶川地震、2013 年四川芦山地震和 2014 年云南鲁甸地震,都造成了数以千百计、规模不等的滑坡崩塌灾害,并形成了百余个堰塞湖,大大加重了地震灾害损失。特别是汶川地震、鲁甸地震引发山体崩塌滑坡形成的唐家山堰塞湖、牛栏江堰塞湖,最大库容量分别高达 3.2 亿 m³ 和 2.6 亿 m³,对下游地区人民生命财产安全造成严重威胁,经过紧急抢险开挖导流槽泄洪,才成功降低库区水位得以解除警报。

除暴雨、地震等自然因素引发滑坡灾害外,人为活动对自然环境的扰动改造也是重要的滑坡成灾诱因。例如,2009 年 6 月 5 日发生在重庆市武隆县铁矿乡的鸡尾山特大滑坡事故,山体崩塌达 700 万 m³,造成 74 人死亡、8 人受伤,灾后事故调查表明山体下方采矿活动通过应力环境调整和层状块裂岩体差异沉降两种方式对坡体形成的扰动可能是导致滑坡灾害的主要原因。2015 年 12 月 20 日发生在深圳市光明新区长圳红坳村凤凰社区渣土受纳场的特大滑坡事故,造成 73 人死亡、4 人下落不明、17 人受伤、33 栋建筑物被损毁掩埋、90 家企业生产受影响,涉及员工 4 630 人,造成直接经济损失 8.81 亿元。灾后调查查明引发此次事故的直接原因为一方面受纳场未实现有效排水导致堆填渣土含水过饱和,形成底部软弱滑动带;另一方面严重超量超高堆填加载,导致巨量渣土失稳滑出形成巨大的冲击力,造成重大人员伤亡和财产损失。

近年来随着全球气候环境变化以及人类活动的影响,滑坡灾害有逐年加重的趋势,给我国人民生命和财产安全带来了巨大威胁(黄润秋,2007)。滑坡灾害的发生,往往造成巨大的人员伤亡和经济损失,有时甚至是毁灭性的破坏。据统计,我国平均每年因滑坡灾害造成的人员伤亡超过 400 人,经济损失超过 20 亿元(桑凯,2013)。滑坡灾害灾变前的变形观测和分析,能够客观真实地反映成灾前岩土体的变形演化过程,可为灾害早期预报预警提供重要决策依据,因此构成了地质灾害防灾减灾举措中不可缺少的基础性工作。

1.2　滑坡变形监测的研究动态

滑坡作为一种极具破坏性的地质灾害,严重制约着灾害多发地的经济发展,并对社会公共安全构成严重威胁。在滑坡研究和灾害监测中,变形量是反映斜坡体当前稳定性及运动状态最直接的物理量,通常以时间序列的形式进行记录。对坡体变形开展周期性测量即实施形变监测,可以客观真实地记录坡体变形的发展演变过程,对了解掌握坡体的现状以及准确预测坡体变形的发展趋势具有重要意义。因此,形变监测是研究滑坡演化规律最直接、有效的手段,并可为滑坡灾害早期预报预警提供重要的决策依据,避免对人民的生命和财产安全造成损害(Michoud et al.,2016;Crosta et al.,2013;Liu et al.,2009)。

形变监测应用于滑坡灾害预警的一个成功案例是 1985 年发生在长江三峡秭归县境内的新滩滑坡。新滩滑坡是一个古滑坡体,历史上局部崩滑有数十次之多。1968 年,长江流域规划办公室对新滩滑坡及其周围的构造环境进行了全面勘探和研究,并由湖北省西陵峡岩崩调查工作处使用视准线法对地表位移进行长期监测。详尽的研究资料帮助研究人员成功预报滑坡,并在滑坡发生前成功转移了当地居民。虽然 1985 年 6 月 12 日凌晨发生的大滑坡使整个新滩古镇毁于一旦,但该镇457户共计1371名居民及时撤离,无人员伤亡。新滩滑坡成功预报的科学实践说明,长期严密的坡体变形监测是滑坡科学预报预警的重要支撑手段(薛果夫 等,1988)。

目前对滑坡表面形变进行测量的方法有很多,主要包括精密水准测量(李自立,2005)、全球卫星定位系统(global positioning system,GPS)测量(Wang et al.,2008a,2008b)、时域反射(time domain reflectometry,TDR)测量(Drusa et al.,2012)、伸缩计(extensometer)(Corominas et al.,2000)、倾斜仪(inclinometer)(Minardo et al.,2014)、激光雷达(light detection and ranging,LiDAR)测量(Jaboyedoff et al.,2012;Glenn et al.,2006)、地基合成孔径雷达(ground based-synthetic aperture radar,GB-SAR)(Del Ventisette et al.,2015;Crosetto et al.,2014)、无人机遥感(unmanned aerial vehicle remote sensing,UAVRS)(Niethammer et al.,2012)、星载合成孔径雷达(spaceborne SAR)(Wasowski et al.,2014;Berardino et al.,2003)和星载光学遥感(Delacourt et al.,2004;Hervás et al.,2004)等。表1.1对这些形变监测手段进行了比较分析。其中精密水准测量、TDR及GPS等获取的都是离散点观测,监测范围较小,适合已知单体滑坡监测。但是对于山区等地形起伏较大的地方,应用这些方法所需仪器的布设和开展现场实测都非常困难。无人机遥感操作简单,但是由于平台稳定性较差,数据获取质量难以保证,适合应急响应和实时的灾情评估。LiDAR和GB-SAR可以实现小范围高精度的连续面监测,星载光学遥感适用于大范围普查,但是精度较低,且容易受到天气因素的干扰,因而难以普及推广应用。

表1.1 常用的滑坡形变监测方法

滑坡监测方法	监测对象	精度	监测范围	其他
精密水准测量	地表位移	高	点观测	耗费人力物力,受地形条件影响较大,主要针对已知滑坡体监测
全球卫星定位系统(GPS)	地表位移	高	点观测	获取地表三维形变,一般安装在已知滑坡体
时域反射测量(TDR)	滑坡内部形变	高	点观测	需要铺设光纤,小范围监测,一般安装在已知滑坡体
伸缩计(extensometer)	滑坡表面形变	高	点观测	原位传感器
倾斜仪(inclinometer)	滑坡内部形变	高	点观测	原位传感器
无人机遥感(UAVRS)	地表位移或高程变化	低	面观测	平台稳定性低,影像像幅较小,图像处理困难
激光雷达(LiDAR)	滑坡高程变化	高	面观测	适合小范围单体滑坡监测识别
地基合成孔径雷达(GB-SAR)	地表位移	高	面观测	观测频率高,但观测范围小,只适合单体滑坡监测
星载光学遥感	地表位移或高程变化	低	面观测	适用于形变较大的形变监测识别,受天气影响较大
星载合成孔径雷达(spaceborne SAR,简称星载SAR)	地表位移	高	面观测	适合大范围滑坡监测识别,基本不受天气条件限制

　　相对于上述传统的形变监测方法,星载 SAR 在形变监测方面具有很多独特的优势。首先,与光学传感器不同,雷达传感器不依赖于太阳辐射,具有全天候主动观测能力。其次,雷达工作的微波谱段,其工作波长较长,可以穿透云雾,受云雾雨雪等恶劣天气的影响远小于光学遥感(廖明生 等,2014,2003)。而且,由于雷达影像覆盖范围很大,可以进行大范围的地质灾害普查,这对传统的形变监测手段构成了重要补充。还有一个重要特点,雷达影像记录了相位和幅度信息,利用相位信息来测量微小形变,监测精度可以达到厘米级甚至毫米级,也可以利用幅度信息来探测快速形变。

　　近年来,星载 SAR 被广泛应用于滑坡地质灾害的监测,并取得了很多成功的案例。例如,可以通过差分干涉图中条纹变化发现滑坡(Shi et al.,2016a),通过时序雷达干涉测量分析方法获取滑坡变形速率(Shi et al.,2016b;廖明生 等,2012),甚至可以得到滑坡前后高程与土方量的变化(Chen et al.,2014;Zhao et al.,2013)。然而在实际滑坡监测应用中,特别是在地形起伏较大的山区,雷达遥感的应用效果往往受到几何畸变和时间/几何/体散射去相干、大气扰动等影响因素的制约,具有一定的局限性。另外,经典的星载雷达干涉测量技术只能测量视线向的缓慢形变,对快速形变的探测能力很弱,同时对方位向(近南北向)形变的探测能力几乎为零。虽然基于幅度影像匹配的传统像素偏移量分析方法可以提取视线向和方位向快速形变,但其精度较低。

　　因此,必须进一步探索高精度提取方位向形变和快速形变的方法。此外,单一轨道雷达遥感观测获取的形变不能直接反映真实地表的三维形变,需要研究三维形变提取的方法来更加直观地反映形变模式。基于目前灾害频发的现状与日益积累的星载 SAR 数据,有必要开展星载 SAR 滑坡监测理论方法研究,准确识别滑坡隐患,精确获取滑坡变形数据,为滑坡预报预警提供依据。1.3 节将对星载 SAR 的发展历史及基于星载 SAR 遥感的滑坡灾害监测技术的研究动态与发展趋势进行简要回顾和总结。

1.3　面向滑坡监测的雷达遥感技术方法与应用研究动态

　　自 1978 年第一颗雷达卫星 Seasat 发射以来,雷达传感器获取的影像已经在测绘、海洋、陆地灾害等各个领域发挥了重要作用。雷达遥感在城市地面沉降、火山、地震等灾害监测中的作用主要是进行地表形变信息提取,采用的主要技术包括基于相位信息的雷达干涉测量和基于幅度信息的像素偏移量分析技术(pixel offset tracking,POT)。InSAR技术包括传统的差分干涉测量(differential interferometric synthetic aperture radar,D-InSAR)和时间序列差分干涉测量两大类。

　　InSAR 技术在发展初期的主要用途是利用对同一目标成像的两景雷达影像的回波信号相位差来获取地表高程信息。在 InSAR 测高技术的基础上,美国国家航空航天局(National Aeronautics and Space Administration,NASA)的喷气推进实验室(Jet Propulsion Laboratory,JPL)的 Gabriel、Goldstein 和 Zebker 提出发展了 D-InSAR 的理论,并用星载合成孔径雷达验证了 D-InSAR 技术可以应用于监测地表微小形变(Gabriel et al.,1990）。同时他们经过研究指出，随着 ERS-1（European Resource Satellite-1）等卫星发射升空，星载雷达传感器同样可以应用此技术并对滑坡、地震等地质灾害进行监测，这个设想很快得到证实。1993 年，法国学者 Massonnet 等利用 ERS-1 干涉成功获取 Landers 地震引起的地表变化，所测结果与 GPS 测量数据高度吻合（Massonnet et al.，1994，1993）。之后，D-InSAR 技术很快引起了各国学者的注意，并掀起研究的热潮。D-InSAR 技术先后被应用在地震、火山、冰流等灾害监测方面，并相继取得了成功（Carnec et al.，1999；Mattar et al.，1998；Lu et al.，1997；Vachon et al.，1996）。

　　D-InSAR 作为一项重要的形变监测技术在滑坡形变监测中取得了成功应用，同时也暴露出一些问题。1996 年，法国学者 Fruneau 等（1996）首先对覆盖法国阿尔卑斯地区 La Clapiere 滑坡的 ERS-1 影像对进行差分干涉处理，证明了 D-InSAR 技术可以用于小范围形变监测，同时发现在植被覆盖较多的地方存在去相干现象，导致 D-InSAR 无法获取到有效信息。2000 年，日本学者利用 JERS-1 SAR 数据进行干涉测量，成功实现了对日本 Itaya 滑坡的形变监测，同时发现了大气条件等因素对干涉测量结果的干扰影响（Kimura et al.，2000）。2000 年开始，Xia 等（2004，2002）和一些研究机构在中国三峡地区多处典型滑坡体上安装布设角反射器，用于辅助 ENVISAT ASAR 干涉测量开展滑坡形变监测，并取得了一定成果。但是，总的来看时间去相干现象严重影响了差分干涉测量的大范围应用。

　　大气和去相干等因素的影响严重制约了 D-InSAR 的应用。一些研究团队提出了多种解决方案来尽可能克服这些因素的干扰影响。这些方案按照处理策略主要归结为三大类。

　　（1）通过识别和分析雷达影像中具有稳定散射回波信号的点目标对应的像元来提取形变信息。2000 年，意大利学者 Ferretti 等基于这个思路率先提出了永久散射体干涉测量（Permanent Scatter InSAR，PSI）技术，利用不同时相获取的雷达影像中的稳定散射目标（人工建筑、角反射器等）来准确估计干涉图中的地形误差、大气扰动等，经验证可获得毫米级的测量精度（Ferretti et al.，2011，2007，2001，2000）。类似的 PSI 算法包括 GAMMA 公司的相干点目标分析（Interferometric Point Target Analysis，IPTA）（Raetzo et al.，2007；Werner et al.，2003）、Kampes 的时空网络解缠算法（spatio-temporal unwrapping network，STUN）（Kampes，2006）、Hooper 的 StaMPS（stanford method for persistent scatterers）（Hooper et al.，2004）等。这类方法主要适用于人工目标分布密集的城市场景区域，在城市地表沉降监测中得到了广泛的应用。

　　（2）通过选取合适的干涉像对，构造短空间基线和时间基线干涉图序列（small baseline subset，SBAS）来尽可能保持相干性。同时，还可以进一步在距离向和方位向进行滤波来提高相干性，在短时间内保持相干性的分布式散射体也会被纳入计算，比较适合非城市场景下的应用。这类方法在提出的最初阶段还通过对干涉图做多视处理来进一步提高相干性（Schmidt et al.，2003；Berardino et al.，2002）。但是，干涉图做多视处理对点目标有增加噪声的作用。因此，保持干涉图的分辨率且考虑分布式目标的算法及其特性的研究相继发表（Hooper，2008；Lanari et al.，2004），这些算法的测量精度号称可以达到毫米级(Lanari et al.,2007;Casu et al.,2006)。

(3)根据雷达影像中的点目标和分布式点目标特性分别选点,联合进行分析解算。代表性算法包括 StaMPS(Hooper,2008),SqueeSAR(Ferretti et al.,2011),Quasi-Permanent Scatterers InSAR(QPS-InSAR)(Perissin et al.,2012),Temporally Coherent Point InSAR(TCP-InSAR)(Zhang et al.,2012),这些方法的提出进一步拓展了传统 D-InSAR 技术的应用范围,在滑坡形变监测中发挥了重要作用。

作为一个滑坡地质灾害多发的国家,我国在雷达遥感滑坡监测领域近年来也取得了很大的进展。2008 年,Wang 等(2008c)利用 QPS-InSAR 技术首先对三峡巴东地区滑坡进行分析,成功探测到两个处于活动状态的滑坡体。2012 年,廖明生等(2012)采用 PSI 技术对高分辨率 X 波段 TerraSAR-X 数据进行分析,虽然取得了一定成功,但由于 TerraSAR-X 数据波长较短,受到去相干影响严重,并没有达到预期效果。作为国内第一个引入 InSAR 技术的滑坡监测研究实验区,三峡地区只在少数典型的滑坡上取得了成功应用,并没有实现大范围的形变监测。2012 年,Zhao 等(2012)和美国学者合作利用时间序列干涉图、相干图及强度图对美国加利福尼亚州北部和俄勒冈州南部的区域进行滑坡体制图,发现降雨是影响当地滑坡形变的主要因素。2014 年,Zhu 等(2014)提出利用角反射器辅助 PSI 解算,利用 GPS 数据进一步优化滑坡形变监测结果,成功应用到陕西北部滑坡监测并实现毫米级精度。2014 年,Chen 等(2014)利用网络 PS-InSAR(PS-InSAR networking)技术生成大光包滑坡数字高程模型(digital elevation model,DEM),并估算出大光包滑坡产生的堆积体方量。2014 年,程海琴等(2014)针对 SBAS 算法提出一种三维空间因子大气长波相位建模方法改正干涉图中的大气误差,并在汶川地震后滑坡探测中取得较好的效果。2016 年,Sun 等(2016)提出了一种基于多项式的差分干涉图大气和轨道误差改正算法,并将改正后的差分干涉图用于时间序列分析,成功探测到 2010 年舟曲泥石流灾难发生前滑坡体的时间序列形变。2015 年,Tang 等(2015)提出利用相干点目标和分布式目标结合的时间序列分析方法对汶川地震震后坡体稳定性进行评估,并指出该地区大气信号主要与高程起伏相关(Tang et al.,2015)。

传统的 InSAR 和时间序列方法已被证实可有效用于对滑坡体表面缓慢形变的监测,然而对于形变梯度较大的快速形变,这些方法在解缠时通常会出现跳变,从而导致对形变的严重低估(Wasowski et al.,2014)。2013 年,Zhang 等(2013)用 D-InSAR 研究了青海拉西瓦水电站附近果卜段滑坡,但由于滑坡形变太大和叠掩等原因,D-InSAR 处理结果并不能有效观测到形变信号。类似的案例还有三峡库区树坪滑坡,PSI 测量得到的树坪滑坡体的表面形变量级远远低于 GPS 测量值(廖明生 等,2012)。

目前,利用 SAR 影像对快速形变进行估计的方法主要有两种。一种是利用 SAR 影像的幅度信息的像素偏移量分析算法(POT)。另外一种是利用相位信息提取方位向形变的多孔径干涉测量技术(multiple aperture interferometry,MAI)。2006 年,Bechor 等(2006)提出将两组雷达回波信号的方位向频谱分为前视、后视两个子带分别进行干涉处理生成干涉图,通过计算前视、后视干涉图间的相位差来获取方位向形变,这就是所谓的多孔径干涉测量技术,在相干性较高时,其测量精度要比 POT 方法高。但是,MAI 和

D-InSAR一样依赖相位进行测量,因此同样受到去相干问题的干扰,在滑坡形变监测方面的应用研究较少,这里不再赘述。POT 技术则主要利用两幅影像之间的像素偏移量来估算地表的形变信息。1999 年,Michel 等(1999a,1999b)首先将 POT 技术引入雷达遥感,应用于 Landers 地震的同震形变信息提取。POT 技术主要利用幅度信息,基本不受去相干影响,也无须进行相位解缠处理,并且可以同时测量方位向和距离向两个方向的形变,其可探测的形变梯度上限远大于干涉测量,因此适用于对快速运动中的滑坡进行形变监测(Milillo et al.,2014;Singleton et al.,2014;Raucoules et al.,2013)。该技术已在三峡库区树坪滑坡的形变监测中得到成功应用。不过,也有研究成果表明 POT 方法在植被较多的地方形变测量精度较低(Singleton et al.,2014;李小凡 等,2011)。

上述利用雷达遥感数据进行滑坡形变监测的方法均只能监测距离向或方位向的一维形变或两个方向的二维形变,不能直接获取三维形变。雷达距离向对垂直向和东西方向形变敏感,方位向对南北方向形变敏感,因此对同一地区多轨星载 SAR 观测数据的形变提取结果进行融合处理,才能得到地表的真实三维形变。国内外多个团队针对升降轨雷达数据观测结果融合获取地震三维形变场问题开展了研究,并且取得了很多成果(Hu et al.,2016;Wang et al.,2015a,2015b;Hu et al.,2014a,2014b;Wang et al.,2014)。而滑坡时序三维监测数据作为滑坡预报预测和机理分析的基础,可以为滑坡防治与灾害管理提供重要的科学依据。在利用多轨时序 SAR 观测进行时序三维形变提取时,不同数据集观测时间不同步,会引入不可忽略的形变。此时,利用多轨 SAR 数据集获取时序三维形变的难点在于如何更好地对获取的 SAR 时序形变建模,获得时间同步观测值。从公开发表的论文来看,Raucoules 等(2013)利用获取观测的平均形变速率来尽量避免时间不同步带来的误差,但只适用于匀速形变滑坡。总的来说,虽然目前研究较少,随着覆盖同一地区的 SAR 数据资源的不断积累,研究多轨星载 SAR 数据获取地表时序三维形变的方法势在必行(史绪国,2016)。

综上所述,基于雷达遥感形变监测方法的研究有了长足的进展,并且在滑坡监测领域得到了成功应用。但是,如何更好地消除雷达干涉测量中的大气传播延迟及去相干因素影响,有效地监测快速形变滑坡以及提取滑坡三维形变等都是需要进一步研究的课题。

1.4 本书内容与组织结构

本书围绕雷达遥感技术在滑坡表面形变高精度监测中的应用,阐述雷达遥感的基本原理、数据处理方法和针对典型滑坡开展的应用案例研究,旨在总结课题组近年来在承担国家重点基础研究发展计划(973 计划)项目"西部山区大型滑坡致灾因子识别、前兆信息获取与预警方法研究"中第五课题"多源观测数据与滑坡机理模型同化理论与方法研究"(编号:2013CB733205)及第四课题"滑坡多源传感器网络立体观测研究"(编号:2013CB733204)、三峡库区三期地质灾害防治重大科学研究项目"滑坡体雷达(微波)卫星变形监测数据处理系统研究"(编号:SXKY3-6-4)和多个行业性应用项目支持下在星载雷达遥感滑坡监测领域开展的探索性研究,书中归纳了取得的研究进展、代表性成果和一些经验教训,力图为推动雷达遥感技术在地质灾害识别、监测、预警中的应用走向实用化、工程化做出微薄的贡献。

全书共分 8 章,各章内容安排总结如下。

第 1 章为绪论,概述滑坡形变监测的重要性和雷达遥感形变监测技术的研究动态。

第 2 章首先概述雷达遥感的基本原理,并简要回顾雷达遥感系统的发展历史,然后在分析雷达遥感所蕴含的相干与非相干信息的基础上,重点阐述可应用于滑坡形变监测的各种雷达遥感技术方法。

第 3 章以长江三峡库区巴东段和黄河上游贵德地区为例,研究探讨经典的二轨差分干涉测量和时间序列差分干涉测量方法在已知大型滑坡表面形变监测和小区域潜在滑坡识别探测中的应用。

第 4 章重点讨论广域范围坡体稳定性评估和隐蔽性滑坡体探测问题。以长江三峡库区奉节—秭归段为例,研究联合利用多轨道 InSAR 数据集进行大范围滑坡形变探测的方法,对该区域分布的具有潜在威胁的主要隐蔽性滑坡体进行识别探测和稳定性分析。

第 5 章针对偏远地区线状基础设施(公路、铁路、输电线等)沿线地质灾害监测问题,以东北小兴安岭林区北安—黑河高速公路孙吴段为例,研究提出一种改进的小基线集时序差分干涉处理方法,应用于高分辨率 TerraSAR-X 数据,成功探测到滑坡和冻土季节性变化引起的公路沿线表面形变。

第 6 章侧重于探讨滑坡体表面快速形变探测的方法。在常规的偏移量分析方法基础上,提出一种基于点目标的 SAR 影像偏移量分析方法,并分别以黄河上游拉西瓦水电站果卜岸坡和长江三峡库区树坪滑坡为例,研究这两种方法在滑坡体表面大梯度快速形变信息提取中的应用。

第 7 章针对单一轨道星载 SAR 数据仅能探测滑坡体表面一维或二维形变的问题,利用不同成像几何雷达观测对于形变探测的敏感度差异,提出联合利用多视角 SAR 观测数据进行三维形变信息提取的方法,并成功应用于三峡库区树坪滑坡表面三维形变场探测。

第 8 章则在滑坡体表面形变信息提取方法研究的基础上,针对滑坡灾害预警预报的应用需求,探讨基于观测数据-模型同化思想的滑坡形变与水文影响因子之间耦合分析的方法,以三峡库区树坪滑坡为例,初步实现库区水位变化及降雨影响下滑坡体表面形变的短期预测。

参 考 文 献

程海琴,陈强,刘国祥,等,2014. 短基线 InSAR 探测龙门山主断裂带两侧震后雨期的滑坡空间分布特征. 测绘学报,43(9):931-938.

黄雨,孙启登,许强,2010. 滚石运动特性研究新进展. 振动与冲击,29(10):31-35.

黄润秋,2007. 20 世纪以来中国的大型滑坡及其发生机制. 岩石力学与工程学报,26(3):433-454.

李媛,孟晖,董颖,等,2004. 中国地质灾害类型及其特征:基于全国县市地质灾害调查成果分析. 中国地质灾害与防治学报,15(2):29-34.

李小凡,方晨,赵永红,2011.基于 TerraSAR-X 强度图像相关法测量三峡树坪滑坡时空形变.岩石学报,27(12):3843-3850.

李自立,2005.滑坡变形监测反演参数及稳定性研究.西安:长安大学.

廖明生,林珲,2003.雷达干涉测量:原理与信号处理基础.北京:测绘出版社.

廖明生,唐婧,王腾,等,2012.高分辨率 SAR 数据在三峡库区滑坡监测中的应用.中国科学(地球科学)(2):217-229.

廖明生,王腾,2014.时间序列 InSAR 技术与应用.北京:科学出版社.

薛果夫,吕贵芳,任江,1988.新滩滑坡研究.中国地质学会岩质边坡稳定性分析和评价方法讨论会.

乔建平,1997.中国滑坡分布.北京:科学出版社.

桑凯,2013.近 60 年中国滑坡灾害数据统计与分析.科技传播(10):154-159.

史绪国,2016.基于星载雷达遥感的滑坡表面形变监测方法与应用.武汉:武汉大学.

唐辉明,2008.工程地质学基础.北京:化学工业出版社.

王尚庆,陆付民,徐进军,2011.三峡库区崩塌滑坡监测预警与工程实践.北京:科学出版社.

曾裕平,2009.重大突发性滑坡灾害预测预报研究.成都:成都理工大学.

AU S W C,1998. Rain-induced slope instability in Hong Kong. Engineering Geology,51(1):1-36.

BECHOR N B,ZEBKER H A,2006. Measuring two-dimensional movements using a single InSAR pair. Geophysical Research Letters,311(16):275-303.

BERARDINO P, FORNARO G, LANARI R, et al., 2002. A new algorithm for surface deformation monitoring based on small baseline differential SAR interferograms. Geoscience and IEEE Transactions on,40(11):2375-2383.

BERARDINO P, COSTANTINI M, FRANCESCHETTI G, et al., 2003. Use of differential SAR interferometry in monitoring and modelling large slope instability at Maratea (Basilicata, Italy). Engineering Geology,68(1-2):31-51.

CARNEC C,FABRIOL H,1999. Monitoring and modeling land subsidence at the Cerro Prieto geothermal field, Baja California, Mexico, using SAR interferometry. Geophysical Research Letters,26(9):1211-1214.

CASU F,MANZO M,LANARI R,2006. A quantitative assessment of the SBAS algorithm performance for surface deformation retrieval from D-InSAR data. Remote Sensing of Environment,102(3-4):195-210.

CHEN Q,CHENG H,YANG Y,et al.,2014. Quantification of mass wasting volume associated with the giant landslide Daguangbao induced by the 2008 Wenchuan earthquake from persistent scatterer InSAR. Remote Sensing of Environment,152:125-135.

COROMINAS J,MOYA J,LLORETA A,et al.,2000. Measurement of landslide displacements using a wire extensometer. Engineering Geology,55(3):149-166.

CROSETTO M,MONSERRAT O,LUZI G,et al.,2014. Discontinuous GB-SAR deformation monitoring Isprs. Journal of Photogrammetry and Remote Sensing,93(7):136-141.

CROSTA G, FRATTINI P, AGLIARDI F, 2013. Deep seated gravitational slope deformations in the European Alps. Tectonophysics,605:13-33.

DEL VENTISETTE C, GIGLI G, TOFANI V, et al., 2015. Radar technologies for landslide detection, monitoring, early warning and emergency management//Modern Technologies for Landslide Monitoring and Prediction. New York:Springer:209-232.

DELACOURT C,ALLEMAND P,CASSON B,et al.,2004. Velocity field of the "La Clapière" landslide measured by the correlation of aerial and QuickBird satellite images. Geophysical Research Letters, 311(15):L15619.

DRUSA M,CHEBEN V,2012. Implementation of TDR technology for monitoring of negative factors of slope deformations. 12th International Multidisciplinary Scientific Geoconference SGEM:143-150.

FERRETTI A, PRATI C, ROCCA F, 2000. Nonlinear subsidence rate estimation using permanent scatterers in differential SAR interferometry. IEEE Transactions on Geoscience and Remote Sensing, 38(5):2202-2212.

FERRETTI A, PRATI C, ROCCA F, 2001. Permanent scatterers in SAR interferometry. IEEE Transactions on Geoscience and Remote Sensing,39(1):8-20.

FERRETTI A, SAVIO G, BARZAGHI R, et al., 2007. Submillimeter accuracy of InSAR time series: Experimental validation. IEEE Transactions on Geoscience and Remote Sensing,45(5):1142-1153.

FERRATTI A, FUMAGALLI A, NOVALI F, et al., 2011. A new algorithm for processing interferometric data-stacks:SqueeSAR. IEEE Transactions on Geoscience and Remote Sensing,49(9):3460-3470.

FRUNEAU B,ACHACHE J,DELACOURT C,1996. Observation and modelling of the Saint-Étienne-de-Tinée landslide using SAR interferometry. Tectonophysics,265(3/4):181-190.

GABRIEL A K,GOLDSTEIN R M,ZEBKER H A,1990. Method for detecting surface motions and mapping small terrestrial or planetary surface deformations with synthetic aperture radar. United States Patent:4975704.

GLENN N F,STREUTKER D R,CHADWICK D J,et al.,2006. Analysis of LiDAR-derived topographic information for characterizing and differentiating landslide morphology and activity. Geomorphology, 73(1/2):131-148.

HERVAS J,BARREDO J I,ROSIN P L,et al.,2004. Monitoring landslides from optical remotely sensed imagery:The case history of Tessina landslide,Italy. Geomorphology,54(1/2):63-75.

HOOPER A,2008. A multi-temporal InSAR method incorporating both persistent scatterer and small baseline approaches. Geophysical Research Letters,35(16):96-106.

HOOPER A, ZEBKER H, SEGALL P, et al., 2004. A new method for measuring deformation on volcanoes and other natural terrains using InSAR persistent scatterers. Geophysical Research Letters,31:1-5.

HU J,DING X L,ZHANG L,et al.,2016. Estimation of 3-D surface displacement based on InSAR and deformation modeling. IEEE Transactions on Geoscience and Remote Sensing,99:1-10.

HU J,LI Z W,DING X L,et al.,2014a. Resolving three-dimensional surface displacements from InSAR measurements:a review. Earth Science Reviews,133(2):1-17.

HU J,LI Z W,LI J,et al.,2014b. 3-D movement mapping of the alpine glacier in Qinghai-Tibetan Plateau by integrating D-InSAR,MAI and offset-tracking:case study of the Dongkemadi Glacier. Global & Planetary Change,118(4):62-68.

HUANG R,2009. Some catastrophic landslides since the twentieth century in the southwest of China. Landslides,6(1):69-81.

JABOYEDOFF M, OPPIKOFER T, ABELLAN A, et al., 2012. Use of LIDAR in landslide investigations:a review. Natural Hazards,61(1):5-28.

KAMPES B M,2006. Radar Interferometry: Persistent Scatterer Technique. Dordrecht:Springer.

KIMURA H,YAMAGUCHI Y,2000. Detection of landslide areas using satellite radar interferometry. Photogrammetric Engineering & Remote Sensing,66(3):337-344.

LANNARI R, MORA O, MANUNTA M, et al., 2004. A small-baseline approach for investigating deformations on full-resolution differential SAR interferograms. IEEE Transactions on Geoscience and Remote Sensing,42(7):1377-1386.

LANARI R,CASU F,MANZO M,et al.,2007. An overview of the small baseline subset algorithm: A D-InSAR technique for surface deformation analysis. Pure and Applied Geophysics,164(4):637-661.

LIU C,LIU Y,WEN M,et al.,2009. Geo-hazard initiation and assessment in the three gorges reservoir// Wang F,Li T. Landslide Disaster Mitigation in Three Gorges Reservoir,China. New York:Springer: 3-40.

LU Z,FATLANG R,WYSS M,et al.,1997. Deformation of new trident volcano measured by ERS-1 SAR interferometry,Katmai National Park,Alaska. Geophysical Research Letters,24(6):695-698.

MASSONNET D, ROSSI M, CARMONA C, et al., 1993. The displacement field of the Landers earthquake mapped by radar interferometry. Nature,364(6433):138-142.

MASSONNET D,FEIGL K,ROSSI M,et al.,1994. Radar interferometric mapping of deformation in the year after the Landers earthquake. Nature,369(6477):227-230.

MATTAR K E, VACHON P W, GEUDTNER D, et al., 1998. Validation of alpine glacier velocity measurements using ERS Tandem-Mission SAR data. IEEE Transactions on Geoscience and Remote Sensing,36(3):974-984.

MICHEL R,AVOUAC J P,TABOURY J,1999a. Measuring ground displacements from SAR amplitude images:Application to the Landers Earthquake. Geophysical Research Letters,26(7):875-878.

MICHEL R, AVOUAC J P, TABOURY J, 1999b. Measuring near field coseismic displacements from SAR images: Application to the Landers Earthquake. Geophysical Research Letters, 26 (19): 3017-3020.

MICHOUD C, BAUMANN V, LAUKNES T R, et al., 2016. Large slope deformations detection and monitoring along shores of the Potrerillos dam reservoir,Argentina,based on a small-baseline InSAR approach. Landslides,13(3):451-465.

MILILLO P,FIELDING E J,SHULZ W H,et al.,2014. COSMO-SkyMed spotlight interferometry over rural areas:The Slumgullion landslide in Colorado,USA. IEEE Journal of Selected Topics in Applied Earth Observations and Remote Sensing,7(7):2919-2926.

MINARDO A, PICARELLI L, AVOLIO B, et al., 2014. Fiber optic based inclinometer for remote monitoring of landslides: on site comparison with traditional inclinometers. In Proceedings of IGARSS 2014:4078-4081.

NIETHAMMER U, JAMES M R, ROTHMUND S, et al., 2012. UAV-based remote sensing of the Super-Sauze landslide:Evaluation and results. Engineering Geology,128(11):2-11.

PERISSIN D, WANG T, 2012. Repeat-pass SAR interferometry with partially coherent targets. IEEE Transactions on Geoscience and Remote Sensing,50(1):271-280.

RAETZO H,WEGMULLER U,STROZZI T,et al. ,2007. Monitoring of Lumnez Landslide with ERS and ENVISAT SAR data. In Proceedings of Envisat Symposium 2007,Montreux,Switzerland,23-27 April.

RAUCOULES D, MICHELE M D, MALET J P, et al., 2013. Time-variable 3D ground displacements from high-resolution synthetic aperture radar (SAR) application to La Valette landslide (South French Alps). Remote Sensing of Environment, 139(12):198-204.

SCHMIDT D A, BURGMANN R, 2003. Time-dependent land uplift and subsidence in the Santa Clara valley, California, from a large interferometric synthetic aperture radar data set. Journal of Geophysical Research Solid Earth, 108(B9):ETG4-1.

SCHUSTER R L, HIGHLAND L M, 2001. Socioeconomic and environmental impacts of landslides in the Western Hemisphere. U. S. Geological Survey in Proceedings of the 3rd Panamerich Symposium on Londslides, July 29 to August 3, 2001, Cartagena Colombia.

SHI X, LIAO M, ZHANG L, et al., 2016a. Landslide stability evaluation using high-resolution satellite SAR data in the Three Gorges area. Quarterly Journal of Engineering Geology and Hydrogeology, 49(3):15-29.

SHI X, LIAO M, LI M, et al., 2016b. Wide-area landslide deformation mapping with Multi-Path ALOS PALSAR data stacks: A case study of three gorges area, China. Remote Sensing, 8(2):136.

SINGLETON A, LI Z, HOEY T, et al., 2014. Evaluating sub-pixel offset techniques as an alternative to D-InSAR for monitoring episodic landslide movements in vegetated terrain. Remote Sensing of Environment, 147(9):133-144.

SUN Q, HU J, ZHANG L, et al., 2016. Towards slow-moving landslide monitoring by integrating multi-sensor InSAR time series datasets: The Zhouqu case study, China. Remote Sensing, 8(11):908.

TANG P, CHEN F, GUO H, et al., 2015. Large-area landslides monitoring using advanced multi-temporal InSAR technique over the giant panda habitat, Sichuan, China. Remote Sensing, 7(7):8925-8949.

VACHON P W, GEUDTNER D, MATTAR K, et al., 1996. Differential SAR interferometry measurements of Athabasca and Saskatchewan glacier flow rate. Canadian Journal of Remote Sensing, 22(3):287-296.

WANG F, ZHANG Y, HUO Z, et al., 2008a. Movement of the Shuping landslide in the first four years after the initial impoundment of the Three Gorges Dam Reservoir, China. Landslides, 5(3):321-329.

WANG F, ZHANG Y, HUO Z, et al., 2008b. Mechanism for the rapid motion of the Qianjiangping landslide during reactivation by the first impoundment of the Three Gorges Dam reservoir, China. Landslides, 5(4):379-386.

WANG T, PERISSIN D, LIAO M, et al., 2008c. Deformation monitoring by long term D-InSAR analysis in three gorges area, China. IEEE International Geoscience and Remote Sensing Symposium, 4:5-8.

WANG T, JONSSON S, 2015a. Improved SAR amplitude image offset measurements for deriving three-dimensional coseismic displacements. IEEE Journal of Selected Topics in Applied Earth Observations and Remote Sensing, 8(7):3271-3278.

WANG X, LIU G, YU B, et al., 2014. 3D coseismic deformations and source parameters of the 2010 Yushu earthquake (China) inferred from DInSAR and multiple-aperture InSAR measurements. Remote Sensing of Environment, 152:174-189.

WANG X, LIU G, YU B, et al., 2015b. An integrated method based on DInSAR, MAI and displacement gradient tensor for mapping the 3D coseismic deformation field related to the 2011 Tarlay earthquake (Myanmar). Remote Sensing of Environment, 170:388-404.

WASOWSKI J, BOVENGA F, 2014. Investigating landslides and unstable slopes with satellite Multi

Temporal Interferometry: Current issues and future perspectives. Engineering Geology, 174(8): 103-138.

WERNER C, WEGMULLER U, STROZZI T, et al., 2003. Interferometric point target analysis for deformation mapping. IEEE International Geoscience and Remote Sensing Symposium, 7: 4362-4364.

XIA Y, KAUFMANN H, GUO X, 2002. Differential SAR interferometry using corner reflectors. IEEE International Geoscience and Remote Sensing Symposium, 2: 1243-1246.

XIA Y, KAUFMANN H, GUO X, 2004. Landslide monitoring in the Three Gorges area using D-InSAR and corner reflectors. Photogrammetric Engineering and Remote Sensing, 70(10): 1167-1172.

ZHANG D, WANG G, YANG T, et al., 2013. Satellite remote sensing-based detection of the deformation of a reservoir bank slope in Laxiwa Hydropower Station, China. Landslides, 10(2): 231-238.

ZHANG L, LU Z, DING X, et al., 2012. Mapping ground surface deformation using temporarily coherent point SAR interferometry: Application to Los Angeles Basin. Remote Sensing of Environment, 117(1): 429-439.

ZHAO C, LU Z, ZHANG Q, et al., 2012. Large-area landslide detection and monitoring with ALOS/PALSAR imagery data over Northern California and Southern Oregon, USA. Remote Sensing of Environment, 124(9): 348-359.

ZHAO C, ZHANG Q, YIN Y, et al., 2013. Pre-, co-, and post-rockslide analysis with ALOS/PALSAR imagery: A case study of the Jiweishan rockslide, China. Nature Hazards Earth System Sciences, 1(1): 1799-1822.

ZHU W, ZHANG Q, DING X L, et al., 2014. Landslide monitoring by combining of CR-InSAR and GPS techniques. Advances in Space Research, 53(3): 430-439.

第 **2** 章

雷达遥感形变监测
原理与方法概述

　　本章从介绍合成孔径雷达成像的基本概念原理入手，分析其成像主要影响因素和影像特点，并回顾总结星载/机载/地基合成孔径雷达系统的发展历史和趋势，进一步探讨分析合成孔径雷达影像中的相干与非相干特征信息；在此基础上，详细阐述四类主要的雷达遥感变形监测方法各自的基本原理、特点及其典型应用。

2.1 雷达遥感基础

2.1.1 合成孔径雷达成像基本原理

合成孔径雷达(synthetic aperture radar,SAR)是一种工作于微波波段的主动式成像传感器,其基本工作方式是通过雷达天线向观测对象发射电磁波,采用合成孔径和脉冲压缩技术对天线接收到的来自于观测对象的散射回波信号进行聚焦处理,得到比真实孔径雷达分辨率更高的雷达影像。

合成孔径雷达与真实孔径雷达一样,其观测成像过程都可以用经典的雷达方程来刻画。雷达方程以数学形式描述了雷达天线发射或接收功率与雷达系统参数和地表参数之间的定量关系。对于最为常见的区域目标在单站 SAR 系统照射下产生的面散射来说,雷达方程形式如下(郭华东,2000):

$$P_r = P_t \sigma^0 A \frac{G^2 \lambda^2}{(4\pi)^3 R^4} \tag{2.1}$$

式中:P_t 和 P_r 分别为雷达天线的发射和接收功率;G 为天线增益;λ 为雷达波长;R 为从天线到目标之间的距离;A 为目标有效散射截面积;σ^0 为后向散射系数,表示单位面积的雷达散射强度。

需要指出的是,雷达方程仅从功率域描述了雷达成像过程,而以 SAR 为代表的现代雷达系统的成像过程往往需要在时间域或频率域进行复杂的信号处理,因此雷达方程实际上并未在 SAR 成像处理中得到广泛应用。要理解 SAR 的成像原理和过程,必须从了解其成像几何开始。

SAR 系统的成像几何指的是传感器对地物目标进行观测成像时两者之间形成的相对几何关系。无论是机载还是星载平台,其搭载的 SAR 系统采用的都是侧视距离成像方式,如图 2.1 所示。

图 2.1(a)中,搭载了雷达天线(长和宽分别为 L_a 和 W_a)的平台(飞机或卫星等)在距离地面高度为 H 的地方以速度 v_S 飞行。在平台运动过程中,雷达天线向平台的一侧(一般为右侧)发射雷达脉冲,并在照射方向形成雷达波束。雷达视线向与星下点方向的夹角 θ 为视角,与地面目标局部法线方向的夹角 θ_i 称为局部入射角,当地面为水平并且忽略地球曲率影响时,$\theta = \theta_i$。搭载平台的飞行方向称为方位向,雷达波束的照射方向称为距离向。距离天线近的一端称为近距端,而另外一端称为远距端。雷达波束的两个张角、斜距 R 和视角决定了雷达波束照射面积。其中雷达波束的大小则由天线尺寸和雷达波长 λ 决定,距离向张角 $\beta_r = \lambda/W_a$(图 2.1(b)),方位向张角 $\beta_a = \lambda/L_a$(图 2.1(c))。

雷达传感器按地面目标的脉冲回波返回天线的时间顺序对不同目标的回波信号强度依次进行记录,传感器发出的每个脉冲对应雷达影像沿距离向分布的一行。在平台向前飞行时,距离向扫描行按卫星的飞行方向即方位向逐行排列,形成二维 SAR 影像。这样获取到的是真实孔径雷达影像(孙家炳,2013),其对应的距离向和方位向分辨率 δ_r, δ_a 分别为

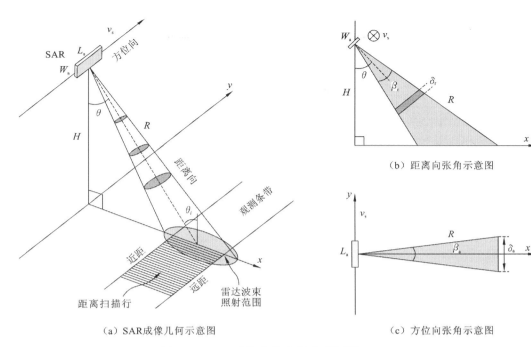

（a）SAR成像几何示意图　　　　　　　（c）方位向张角示意图

（b）距离向张角示意图

图 2.1　SAR 系统成像示意图（蒋厚军,2012）

$$\delta_r = \frac{c\tau}{2} \tag{2.2}$$

$$\delta_a = R\beta_a = \frac{R\lambda}{L_a} \tag{2.3}$$

式中:c 为光速,约等于 3×10^8 m/s;τ 为脉冲持续时间。

距离向分辨率是在脉冲传播方向上,能分辨开来的两个散射体目标之间的最小距离。式(2.2)说明距离向分辨率不受距离 R 的限制,主要与脉冲持续时间有关。若要提高距离向分辨率,必须尽量缩短脉冲持续时间,但是这样会导致发射功率下降,从而使回波信号的信噪比降低。为了解决距离向分辨率与信噪比的矛盾,通常采用脉冲压缩技术来提高距离向分辨率,同时可以不用缩短脉冲持续时间。由于回波脉冲上多普勒效应引起的偏移,相当于对信号进行了线性调频,并通过匹配滤波器等效的压缩天线接收到回波的脉冲宽度等。而压缩后距离向分辨率为

$$\delta_r = \frac{c}{2B_r} \tag{2.4}$$

式中:B_r 为调频信号的带宽,并与分辨率成反比。

方位向分辨率是沿雷达飞行方向能分辨出两个地面目标之间的最小距离。从式(2.3)可以看到,要得到更高的方位向分辨率,必须使用较长的天线、较短的波长。但是一般来说,雷达工作的波段是固定的,而平台可搭载天线的长度也不可能太大。通常采用合成孔径技术来提高雷达的方位向分辨率,合成孔径技术利用地面目标与雷达之间相对运动产生的多普勒效应来实现等效增加天线长度。基本思想是将短天线作为单个辐射单元沿方

位向进行直线运动,天线在不同位置发射并获取来自同一地物的回波信号。这些接收信号的位置连起来等效于一个长度为 L_s 的长天线,而 L_s 则是短天线的最大运动距离也就是最大合成孔径 $\lambda R/L_a$。另外,因为是双程位移 $L_s = \lambda 2R/L_a$,所以合成孔径雷达的方位向分辨率为

$$\delta_a = \frac{R\lambda}{L_s} = \frac{L_a}{2} \tag{2.5}$$

此时方位向分辨率与波长及斜距无关,只与天线长度成正比。合成孔径技术可以在不改变天线尺寸的前提下提高方位向分辨率,因此大大提高了雷达系统的实用性。

2.1.2　合成孔径雷达成像影响因素

如上所述,合成孔径雷达对地观测获取成像时,脉冲雷达信号的发射、传输、散射和接收需要经过雷达天线、地物目标和大气层三个环节,因此 SAR 成像过程会受到雷达系统参数、地物目标参数和大气条件三方面因素的影响。

1. 雷达系统参数

合成孔径雷达系统参数主要包括雷达波长/频率、极化方式、成像几何。

1) 雷达波长/频率

雷达工作在电磁波谱中的微波波段,其波长 λ 与载波频率 f 存在如下定量关系:

$$f = \frac{c}{\lambda} \tag{2.6}$$

式中:c 为光速。目前用于遥感对地观测的 SAR 系统常用的各种波段分别对应的波长和频率范围总结见表 2.1。

表 2.1　SAR 系统常用微波波段

微波波段	波长范围/cm	频率范围/GHz
Ka	0.50～1.13	26.5～40.0
K	1.13～1.67	18.0～26.5
Ku	1.67～2.50	12～18
X	2.50～3.75	8～12
C	3.75～7.50	4～8
S	7.50～15	2～4
L	15～30	1～2
P	60～120	0.25～0.5

不同频率的波段适用的观测对象是不一样的。一般来说,P、L 低频波段适用于观测自然场景,特别是植被覆盖地表;X、Ku 高频波段适用于观测城市等人工地物目标较多的场景;C 波段在海洋观测中得到了广泛应用;S 波段被认为性能较为均衡,可兼顾满足各

种应用需求。

2）极化方式

电磁波的极化方式定义为其在传播过程中电场矢量末端在正交于波传播方向的平面内的运动投影轨迹,通常分为线极化、圆极化和椭圆极化等类型。其中线极化,尤其是水平极化(H)和垂直极化(V),是目前微波遥感最常用的极化方式。对于采用水平极化或垂直极化的 SAR 系统而言,由于雷达天线同时需要发射和接收微波信号,根据发射和接收信号的不同极化组合,SAR 传感器可以记录四种极化方式,即 HH、HV、VH 和 VV,其中 HH 和 VV 称为同极化,HV 和 VH 称为交叉极化。

不同类型的地物目标,在各种极化方式下产生的雷达回波信号所表现的响应特性通常各不相同,这主要取决于地物目标的散射特性和机制。因此,通过分析 SAR 观测数据的极化特征,就有可能推断地物目标的散射类型和对应的几何结构及形态。由此发展形成的雷达极化学或极化 SAR 技术已成为雷达遥感领域中的一大主要研究分支。

3）成像几何

如 2.1.1 节所述,SAR 系统的成像几何主要包括视向、视角、入射角等参数要素。其中,入射角可分为名义入射角和局部入射角,前者定义为雷达视线向矢量与地心-地物目标连线矢量之间的夹角,而后者定义为雷达视线向矢量与地物目标处局部地表法线矢量之间的夹角。对于 SAR 成像来说,局部入射角才是决定地物目标散射信号强弱的关键因素。

一方面,成像几何与地物目标的几何属性相结合,决定了地物目标在 SAR 影像中的位置、轮廓和形态等特征。另一方面,当地表场景存在显著的地形起伏时,不同目标区域对应形成不同的成像几何,会造成 SAR 影像中各种不同的几何畸变特征。因此,对 SAR 影像进行解译判读时,通常需要将 SAR 系统的成像几何作为先验知识用于辅助分析。基于成像几何的 SAR 影像模拟是实现这一途径的有效技术手段。

不同平台的 SAR 系统所能实现的成像几何是不一样的。机载 SAR 系统运行方式灵活,可选择任意视向进行观测,观测视角变化范围通常较大。而星载 SAR 系统通常搭载在极轨卫星上,受此限制只能采用升轨或降轨观测成像,视向较为单一,视角变化范围较小。

2. 地物目标参数

地物目标参数主要包括表面粗糙度、介电特性、几何结构和方位朝向、微波信号的穿透特性。这些地物目标参数与雷达系统参数相互耦合作用,共同决定了 SAR 系统观测获取的地物散射特性和相应的影像特征。

1）表面粗糙度

表面粗糙度是描述地物目标和场景几何复杂程度的度量指标,在不同的尺度层级上具有不同的内涵。在小尺度即单个雷达分辨单元内,表面粗糙度取决于地物表面平均高度变化 h 与雷达波长 λ 及入射角 θ 之间的相对大小关系,判别过程通常采用瑞利判据,将满足以下不等式的地物表面称为光滑表面。

$$h \leqslant \frac{\lambda}{8\cos\theta} \qquad (2.7)$$

反之,将不满足式(2.7)的表面称为粗糙表面。光滑表面在雷达照射下产生镜面反射,对于单站 SAR 系统来说,只有当入射角小于 10°时,雷达天线才能接收到大量后向散射回波,回波强度随着入射角的增大迅速减小。而极度粗糙的表面会产生漫散射,不同方向上的回波强度大致相当。

中尺度粗糙度指的是几个相邻分辨单元大小范围内的地表粗糙程度,是 SAR 影像纹理的主要影响因素。而大尺度粗糙度一般是用于描述大范围场景内的地表粗糙程度或地形起伏大小,主要与地形坡度和雷达视角有关,可为地貌学和地质学研究提供重要的环境参数(郭华东,2000)。

2)介电特性

介电特性是指物质分子中的束缚电荷(只能在分子线度范围内运动的电荷)对外加电场的响应特性,它是地物目标的一项重要物理特性,与表面粗糙度一起决定了雷达回波的强度大小。介电特性一般用复介电常数这一物理量来表征,其大小主要取决于地物的材质类型。在同样的观测条件下,地物目标介电常数越大,散射回波越强。自然场景下的土壤、植被等介质的复介电常数通常与含水量、含盐量、密度、微波频率等因素密切相关(郭华东,2000)。

3)几何结构和方位朝向

几何结构和方位朝向是除表面粗糙度之外地物目标的另一类重要几何参数,对于雷达回波强度具有重要影响。特别是二面角、三面角等特殊的几何结构,当其开口方向朝向雷达视线方向时(夹角小于 15°),会产生很强的散射回波信号,在 SAR 影像中相应形成高亮的点线状目标;当夹角超过 15°时,后向散射回波强度则会迅速减弱。在实际的 SAR 对地观测数据获取中,这类具有特殊几何结构的目标既有可能是人工制造的角反射器,也有可能是自然形成的强散射体。

4)微波信号的穿透特性

微波信号入射到植被、干燥土壤、干沙、雪盖、冰层等低损耗介质表面时,往往能够穿透表面进入介质内部,形成体散射和次表层面散射,这种现象称为微波信号对松散介质的穿透特性。这种独特的穿透能力使得雷达遥感具备了探测地表面以下隐伏目标的潜力,在考古、地质勘查、军事侦察等领域具有很好的应用价值。微波信号的穿透特性通常用微波在介质中的穿透深度来度量,其大小取决于微波波长、雷达发射功率、入射角、介质含水量和含盐量等因素。

3. 大气条件

无论是星载 SAR 系统还是机载 SAR 系统,它们在实施对地观测时发射和接收的微波信号都会通过大气进行传播。虽然微波遥感具有全天时全天候工作能力,能在云雾雨雪等恶劣天气下实施对地观测成像,但实际上大气条件对于 SAR 成像仍然存在不可忽视的影响,尤其是对依赖于相位观测的雷达干涉测量应用来说其影响往往会构成一项主要的误差来源。

大气层具有垂直分层的结构特点,高度从低到高依次为对流层(troposphere)、平流层(stratosphere)、中间层(mesosphere)、热层(thermosphere)和外逸层(exosphere),其中热层加上中间层和外逸层各一部分也称为电离层(ionosphere)。在这些分层中,对于 SAR 成像数据获取影响相对最大的是对流层和电离层。

1) 对流层

对流层位于大气层的最底部,高度范围平均约为 12 km,几乎所有的天气现象都发生在对流层内。大气层中的水汽成分 99% 都集中在对流层,而且这些水汽在对流层中的时空分布存在不同程度的异质性。水汽的存在会引起微波信号在对流层中的折射现象,进而使得传播路径长度增加。这一方面会导致 SAR 测量到的斜距存在误差,从而降低地物目标几何定位精度;另一方面水汽分布的时空变化会引入额外的干涉相位成分(通常称为大气相位),从而导致雷达干涉测量获得的地形高程和地表形变信息包含误差。对基于重复轨道观测的雷达干涉测量应用来说,大气相位是最重要的一项误差来源,而且对于各微波波段均存在影响,因此在实际数据处理中必须予以考虑并设法估计去除其干扰影响。对流层误差估计补偿的方法和应用将会在后面的章节中详细阐述。

2) 电离层

电离层位于大气层的顶部,高度范围为 60~1 000 km。电离层充满了由太阳辐射产生的大量离子和自由电子,这些高密度的离子和电子同样会引起微波信号传播路径的改变。雷达遥感卫星主要运行于 500~800 km 的轨道高度上,而机载平台飞行高度一般不超过 10 km,因此电离层的影响仅限于星载 SAR 系统。与对流层不同的是,电离层具有色散特性,即其对微波信号传播的影响程度与微波频率的平方成反比。具体来说,电离层影响主要存在于低频的 P 波段和 L 波段,而对于高频的 C 波段和 X 波段的影响则几乎可以忽略不计。

除了传播路径延迟外,小尺度扰动产生的电离层闪烁现象会造成 SAR 观测数据的分辨率退化,不过这种扰动一般只存在于赤道和极地区域。此外,极化微波信号穿过电离层时还会受到法拉第效应的影响,即极化面相对于入射角产生不同程度的偏移。总体而言,根据相关研究,电离层影响的空间尺度大多在 100 km 以上,因此对于方位向和距离向范围为几十千米的中纬度地区中高分辨率星载 SAR 观测来说,可以假定电离层影响在空间上是均匀的,从而可以忽略这种影响。在本书中,将不考虑电离层影响,只开展对流层误差影响及其补偿方法的研究。

2.1.3 合成孔径雷达影像特点

由于合成孔径雷达系统采用独特的侧视相干距离成像方式,其对地观测获取的 SAR 影像具有明显不同于光学遥感影像的特点,这主要体现在辐射特征和几何特征两方面。

1. 辐射特征

SAR 影像在辐射特征方面通常表现出地物目标结构不连续、明暗相间分布等特点,这主要是由其相干成像方式造成的。如前所述,SAR 系统在实施对地观测时,同时记录地物目标的后向散射回波强度和相位信息,通常采用矢量方式记录。对于单个分辨单元内多个独立的散射体目标,每个散射体的散射回波都表示为一个随机矢量,所有散射体回波信号矢量的代数和即为该分辨单元总的散射回波信号。

对于两个矢量来说,当它们方向接近一致时(相位同步),总体回波信号会表现为相互增强;而当它们方向相反时(相位相差半个周期),则会产生相互抵消减弱的现象。各散射体后向散射过程存在随机性,使得不同的分辨单元内随机地产生散射回波信号增强或减弱,从而使得 SAR 影像中同一地物目标覆盖的多个分辨单元呈现明暗相间的模式和椒盐状的斑点噪声(speckle)。值得注意的是,斑点噪声从本质上来说是一种有效的信息,它反映了分辨单元内多散射体的分布模式和散射特性,这一点与采用非相干成像的光学遥感中由传感器性能瑕疵引起的噪声完全不同。

2. 几何特征

SAR 系统采用侧视距离成像,即雷达天线以倾斜角度向平台飞行方向的侧面地表发射微波脉冲信号并接收后向散射回波,在接收时按照回波时间先后或斜距大小对回波信号进行记录。这会从两方面影响 SAR 影像的几何特征。一方面,这种成像几何包含了从地距到斜距的投影变换,虽然在斜距方向上 SAR 系统具有统一的分辨率,但在测绘带内从近距端到远距端名义入射角从小到大逐渐增加,导致在地距方向上分辨率并不统一,从近距端到远距端分辨率逐渐提高。另一方面,当被观测区域具有明显的地形起伏时,这种侧视距离成像方式会造成 SAR 影像出现透视收缩、叠掩、阴影等几何畸变现象。透视收缩是当雷达入射角大于坡度角时,朝向天线的迎坡面在 SAR 影像上被压缩的现象。由于迎坡面在雷达图像上被压缩,局部入射角较小,因此回波能量集中,在幅度图上表现为高亮区域(图 2.2(a))。与迎坡面相反,当坡度小于雷达入射角时,背坡面上的局部入射角较大,而且坡面被拉长,回波能量分散,因此在 SAR 影像上呈现为被拉伸的暗色调区域。

叠掩是透视收缩的一种特殊情况,当入射角小于迎坡面坡度角(α)的时候,即 $\theta < \alpha^+$,位于底部的点 A 会早于位于顶部的点 B 在雷达影像上成像,从而出现顶底倒置的现象(图 2.2(b))。由于和透视收缩一样在雷达影像上表现为能量集中的区域,叠掩在雷达影像上同样为高亮区域。阴影发生在背向雷达的斜坡上,当 $\theta < \alpha^-$ 时,雷达天线发射的脉冲照射不到坡面及被遮挡的区域,没有回波信号返回。阴影在雷达强度影像上表现为接近黑色的暗色调(图 2.2(c))。

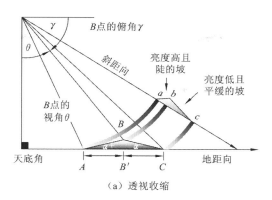

（a）透视收缩

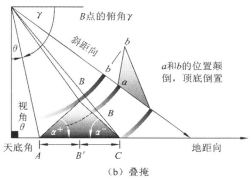

（b）叠掩

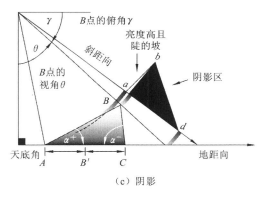

（c）阴影

图 2.2　SAR 几何畸变示意图（Jenson，2000）

2.2　雷达遥感系统发展

2.2.1　星载 SAR 系统

　　雷达（radio detection and ranging 或 radar）通过主动向外发射电磁波来探测目标的空间位置信息，最早在战争中被用来探测敌方的军事目标。由于早期雷达的方位向分辨率受制于天线尺寸,限制了雷达的应用。为了提高雷达方位向分辨能力,20 世纪 50 年代,合成孔径雷达概念应运而生。合成孔径雷达是雷达技术的延伸,其原理是利用雷达与目标的相对运动,在不改变雷达真实孔径的情况下,利用数据处理的方法合成较大的等效天线孔径。

1951 年 6 月,合成孔径概念由美国 Goodyear 宇航公司的 Carl Wiley 首次提出(张澄波,1987),并于 1953 年成功获取到了第一幅机载 SAR 影像(保铮 等,2005)。这次实验的成功使人们看到了合成孔径雷达无限的应用潜力。因此,随后的十几年里,美国的密歇根大学、密歇根环境研究所和美国国家航空航天局(NASA)的喷气推进实验室(JPL)等都积极投入到 SAR 系统研制,并在机载 SAR 系统研制方面取得了突破。

1972 年,JPL 首次研制了 L 波段星载 SAR 系统并进行了机载校飞。6 年之后,NASA 的 JPL 成功将搭载了第一个民用 SAR 传感器的 SeaSAT 送入轨道,这开创了新的地球观测任务(NASA,2000a),其主要任务是对海洋进行测绘研究。尽管 SeaSAT 任务仅在运行了 105 天就由于故障结束,但它传回了大量的陆地、海洋及冰面影像,获取的关于海洋方面的信息远超过去 100 年的总和(Born et al.,1979)。SeaSAT 传回的卫星影像使人们意识到微波遥感在农业、林业、灾害甚至军事领域的巨大潜力,同时也标志着 SAR 进入太空对地观测时代。

随着 SeaSAT 任务的结束,为了继续探索雷达卫星在陆地和海洋观测方面的应用潜力,NASA 于 1981 年和 1984 年使用航天飞机搭载同样为 L 波段的 SAR 传感器 SIR-A 和 SIR-B 分别进行了两次为期 3 天和 1 周的对地观测实验。两次任务都获取了大量的数据并取得很多发现。特别是在第一次任务期间,微波的穿透作用让科学家成功地发现了撒哈拉沙漠中的地下古河道,证明了微波遥感在考古和地质中的应用前景(Abdelsalam et al.,2000)。基于前面 SeaSAT 和两次航天飞机任务的成功所积累的经验,美国于 1988 年发射了第一颗用于军事和国防的高分辨率雷达侦察卫星长曲棍球 1 号(Lacrosse-1),截至目前长曲棍球卫星已经发射 5 颗,有 4 颗在轨运行。

进入 20 世纪 90 年代后,星载雷达卫星的发展进入加速期。欧洲空间局(European Space Agency,ESA)、日本宇航局(Japan Aerospace Exploration Agency,JAXA)和加拿大空间局(Canadian Space Agency,CSA)等都相继发射了自己的雷达卫星。而德国宇航局(Deutschen Zentrums für Luft-und Raumfahrt e. v. ,DLR)和意大利空间局(Agenzia Spaziale Italiana,ASI)则共同参与了 NASA 的 SIR-C/X-SAR 任务。

欧洲最早的雷达卫星是由 ESA 于 1991 年发射的 ERS-1 卫星,搭载的雷达传感器采用 C 波段,可以获得地距分辨率为 25 m 的影像,主要对陆地、海洋和冰川进行观测(ESA,2012a)。虽然 ERS-1 设计寿命为 5 年,但是卫星平台运行稳定,直到 2000 年才终止任务。1995 年 ESA 又发射了 ERS-2 卫星,卫星搭载的雷达传感器和 ERS-1 卫星传感器相同。ERS-2 发射不久后,ESA 决定让 ERS-1 和 ERS-2 进行第一次串飞(tandem)实验,重访周期可缩短为 1 天,任务为期 9 个月(ESA,2012a)。这次串飞任务给科学家提供了很多宝贵的数据来研究地物的短期变化。2002 年,ESA 发射了更先进的后续卫星 ENVISAT,搭载了 ASAR 传感器,同样工作于 C 波段,增加了双极化和扫描式

（ScanSAR）成像模式（ESA，2012b）。ENVISAT ASAR 卫星于 2012 年由于系统故障失去了联系，结束了自己的使命。ESA 的 ERS-1、ERS-2 和 ENVISAT ASAR 传感器在在轨期间获取了大量数据，并通过国际合作项目为研究同行提供了大量的研究数据，为科学研究做出了巨大的贡献。

在亚洲，日本是最早开始星载雷达对地观测实验的国家。1992 年，JAXA 发射了 JERS-1 卫星，主要用途包括地质研究、农业林业应用、海洋观测、地理测绘、环境灾害监测（JAXA，2004）。卫星上搭载的 SAR 传感器工作于 L 波段，入射角为 35°。由于波长更长，入射角更大，JERS-1 更适合陆地观测，且其较长的工作波长使之具有穿透地表植被和松散沙土的能力。JERS-1 的设计寿命为 2 年，但是直到 1998 年卫星才由于故障终止任务。JERS-1 任务不仅积累了大量的数据，还为后续的两个卫星任务（ALOS-1 和 ALOS-2）积累了宝贵的经验。

CSA 于 1989 年开始了自己国家的商业卫星研制，并于 1995 年成功发射了资源调查卫星 Radarsat-1，服务于全球冰情、海洋和地球资源数据监测。其装载的 SAR 传感器工作于 C 波段，总共具有 7 种成像模式。由于首次采用了可变视角的扫描式工作模式，Radarsat-1 可在 3 天内提供覆盖整个北极圈和加拿大的 SAR 影像，提高了卫星的应急响应能力。

NASA 的 SIR-C/X-SAR 是当时最先进的 SAR 系统，包括两个传感器 SIR-C 和 X-SAR。其中，SIR-C 是一部双频雷达，工作于 C 波段和 L 波段，由 NASA 设计制造。同时 SIR-C 可以四种极化方式一起成像。另一部传感器 X-SAR 由 DLR 和 ASI 共同制造，工作于 X 波段，但是只有 VV 极化。SIR-C/X-SAR 于 1994 年搭载在航天飞机上进行了两次飞行，首次实现了利用三个波段 SAR 进行对地观测（NASA，2000b）。2000 年 2 月，SIR-C/X-SAR 同样被用于执行航天飞机雷达地形测量任务（shuttle radar topography mission，SRTM），在 12 天的时间里获取了覆盖全球 80% 陆地的影像并利用雷达干涉测量技术生产了相应的 DEM。

自 1978 年 SeaSAT 发射至 2002 年 ENVISAT ASAR 等民用星载雷达传感器发射，地距分辨率大于 20 m，重访周期大于 20 天，一般被称为第一代雷达传感器。20 世纪 90 年代开始，随着雷达传感器获取的数据被成功用于生成 DEM 和测量地表微小形变之后，星载雷达传感器的发展开始加速。

2000 年以后，日本、意大利、德国及加拿大等国先后开始研发新一代雷达传感器，并且在设计雷达传感器的时候基本都考虑了雷达干涉测量的需求。

日本通过 JERS-1 在轨运行积累的宝贵经验，研发了 L 波段相控阵合成孔径雷达（Phased Array type L-band Sythetic Aperture Radar，PALSAR）传感器（JAXA，2004）。2006 年，随着搭载了 PALSAR 传感器的 ALOS 卫星在种子岛宇宙中心发射升空，ALOS 卫星成为世界上第一颗全极化高分辨率 SAR 卫星（JAXA，2011）。相比于搭载在 JERS-1 上的雷达传感器，PALSAR 传感器在分辨率及极化能力等各方面都得到了很大的提升。2011 年 4 月 22 日，ALOS 卫星由于电力故障失去通信，结束了自己的使命。ALOS PALSAR 凭借其出色的成像能力，在 5 年（2007～2011 年）运行时间里共获取了 100 万景影像,累积了海量的全球数据。2014 年,JAXA 通过处理获取的 ALOS PALSAR 数据得到了全球森林与非森林覆盖情况,并发布了 25 m 分辨率的产品(Shimada et al.,2014)。2015 年 6 月 1 日,美国和日本达成协议,宣布 ASF DAAC 存储的 ALOS PALSAR 数据将向全球免费开放获取。

在参与设计了 X-SAR 传感器之后,德国开始计划发射自己的 X 波段合成孔径雷达卫星。TerraSAR-X(TSX)/TanDEM-X(TDX)是德国航空太空中心和德国 Astrium 公司共同投资的空间对地观测项目(图 2.3(a)),作为德国参与 X-SAR/SRTM 项目的延续,其主要目的是进行全球地形测绘,将生成满足其至超过 HRTI-3 标准的全球高分辨率DEM,用于科学研究和商业用途(Krieger et al.,2007)。

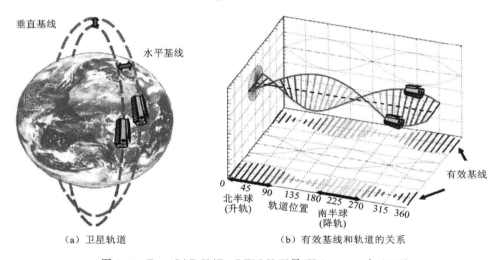

(a)卫星轨道　　　　　　　　(b)有效基线和轨道的关系

图 2.3　TerraSAR-X/TanDEM-X 双星(Krieger et al.,2007)

2007 年,搭载了比 X-SAR 传感器性能更优越的 X 波段高分辨率 SAR 传感器的 TSX 卫星发射成功,成为第一颗分辨率达到 1 m 的雷达商业卫星。2010 年,搭载了几乎和 TSX 卫星相同雷达传感器的 TDX 卫星也顺利进入轨道,并和先前发射的 TSX 卫星构成双星串飞。TDX 卫星上的 SAR 传感器上还增加了气体推进系统和一个 S 波段接收机,其中冷气推进系统是为了维持轨道稳定,而 S 波段接收机是为了接收 TSX 卫星发送的 GPS 位置信息。两颗卫星在空间上形成螺旋状的飞行轨迹(Krieger et al.,2007),称为HELIX,如图 2.3(b)所示。HELIX 编队通过 TDX 卫星上的气体推进系统将 TSX 卫星和 TDX 卫星之间的空间位置控制在一个稳定的范围内,其水平基线一般小于 1 km,垂直基线通常分布在 200~500 m。两颗卫星之间可以实现一发双收,节约卫星的能量消耗。目前 TDX 卫星全球 DEM 获取计划已经完成了两次全球覆盖飞行,但在极地和少数地形复杂地区仍继续获取数据。目前世界上大部分地区满足 HRTI-3 标准的 12 m 分辨率DEM 数据已经处理完成,并由 Astrium 公司通过商业途径向全球用户分发。2014 年下半年,TDX 卫星转入新一轮的科学实验任务。除了无与伦比的地形测绘能力,凭借出色的轨道控制技术和成像能力,TSX/TDX 卫星在顺轨干涉、极化干涉、数字波束成形等很多方面都有突破。TSX 卫星是第一个对渐近宽幅扫描模式(terrain observation by progressive scan,TOPS)进行实验的卫星,为 ESA 后续雷达卫星 Sentinel-1A 的发射提供了宝贵操作经验(Meta et al.,2010;Prats et al.,2010)。同时也是第一个进行凝视聚束模式(staring spotlight)实验的卫星,把 TSX 卫星影像的方位向分辨率提高到 0.2 m(Prats-Iraola et al.,2012)。目前,这两颗卫星运行状况良好,相信在未来的任务中它们将会给大家带来更多的惊喜。

COSMO-SkyMed(CSK)是意大利宇航局和国防部共同投资的军民两用空间对地观测项目。2007 年 6 月,意大利第一颗高分辨率 X 波段的 SAR 卫星发射升空,并于 2010 年 11 月完成卫星星座布设(ASI,2010)。星座布设完成后,四颗高分辨率卫星可构成常规星座和干涉星座。常规情况下,卫星等间距地分布在同一个轨道平面上,以实现在紧急情况下可以保证有两颗卫星进行快速响应。因为星座具有四颗卫星,CSK 在地震、溢油等应急响应方面具有其他卫星无法比拟的优势。而在支持干涉数据获取的干涉星座的情况下,卫星有 TanDEM 和 TanDEM-like 两种组合方式(Covello et al.,2010)。在 TanDEM 方式下,两颗星分布在升交点赤经相隔 0.08° 的两个轨道面上,对地面目标以 20 s 的间隔进行成像。在 TanDEM-like 方式下,两颗星分布在相同的轨道面上,观测同一目标的时间基线为 1 天。由于是军民两用的卫星,意大利将维持此系统的长期运行,使用寿命达到年限的卫星会被逐步替代掉。同时由于 CSK 系统是军民两用,要执行国防/情报领域的任务,卫星轨道的控制精度不如 TSX 卫星,这是在雷达干涉测量方法应用方面的一个不利因素。

2007 年,装载了 C 波段高分辨率 SAR 传感器的加拿大 Radarsat-2 卫星在哈萨克斯坦拜科努尔基地发射升空。Radarsat-2 是 CSA 和 MDA 公司(MacDonald Dettwiler and Associates Ltd)合作联合开发的可用于农业、林业及海洋等方面的商业卫星(Morena et al.,2004)。作为 Radarsat-1 任务的延续,Radarsat-2 同样采用了 C 波段,但是空间分辨率大大得到提升,最高可以达到 1 m,具有全极化成像的能力,同时具备了左右视切换功能,提高了卫星的应急响应能力。

作为 ALOS-1 卫星的后继卫星,2014 年,搭载了全新 PALSAR-2 SAR 传感器的 ALOS-2 卫星在航天中心发射。相比于原来 PALSAR 传感器,PALSAR-2 的成像模式增加了聚束模式,可以获取 1~100 m 多种不同分辨率图像,成像范围也有了很大提升(Kankaku et al.,2014;Rosenqvist et al.,2014;Suzuki et al.,2011),而且卫星的重访周期大大缩短为 14 天。

Sentinel-1A/B 作为 ESA 哥白尼计划的重要组成部分,它于 2014 年率先发射,Sentinel-1B 于 2016 年发射升空,用于环境和安全监测,最高分辨率为 5 m。单星重访周期 12 天,Sentinel-1A 和 Sentinel-1B 在一个相同的轨道面上运行,两颗星之间的轨道相位差为 180°,重访周期将缩短为 6 天(Torres et al.,2012)。Sentinel 卫星是首次将渐近宽幅扫描模式作为主要观测模式的卫星,其覆盖范围可达 250 km×1 000 km(Torres et al.,2012)。通过精确的轨道控制,可以使空间基线保持在一定的范围内,充分保持相干性,这对于地震和火山等地质灾害的监测及应急响应十分重要。ESA 宣布 Sentinel-1 获取的 SAR 数据对全球用户开放获取,用户可从其官方网站及阿拉斯加数据中心免费获取。

主要的星载雷达传感器及其主要参数见表 2.2。

表 2.2　主要星载雷达传感器主要参数

任务持续时间	卫星传感器	操作模式	入射角/(°)	波段	波长/cm	分辨率/m		重访周期/天
						地距向	方位向	
1978~1978 年	SeaSAT	条带式	23	L	23.5	20	6.0	24
1991~1998 年	JERS-1	条带式	39	L	23.5	16	7.5	44
1991~2001 年	ERS-1	条带式	23	C	5.66	25	5	35
1995~2011 年	ERS-2	条带式	23	C	5.66	25	5	35
1995 年至今	Radarsat-1	条带式	20~50	C	5.66	20~30	7.5	24
		扫描式	20~46			25~40	25~40	
2002~2012 年	ENVISAT ASAR	条带式	15~45	C	5.63	25~50	5	35
		扫描式	16~44			25~50	100	
2006~2011 年	ALOS PALSAR	条带式	8~60	L	23.6	9~30	5	46
		扫描式	18~43			15~75	50	
2007 年至今	Radarsat-2	条带式	20~49	C	5.65	20~30	7.5	24
		扫描式	20~45			25~40	25~35	
		聚束式	20~49			2~5	1	
2007 年至今	TerraSAR-X/TanDEM-X	条带式	20~45	X	3.11	1~3	2.4	11
		扫描式	20~45			2~3	16	
		聚束式	20~55			1	0.2~1	
2007 年至今	COSMO-SkyMed	条带式	20~60	X	3.1	3~15	3	1~8
		扫描式	20~60			7~30	16~20	
		聚束式	20~60			1	1	
2014 年至今	ALOS-PALSAR2	条带式	8~70	L	22.9	3~10	3~10	14
		扫描式	8~70			60	60	
		聚束式	8~70			3	1	
2014 年至今	Sentinel-1A/B	条带式	20~47	C	5.66	5	5	6(双星)/12(单星)
		TOPSAR	20~47			5~20	20~40	

2.2.2　机载 SAR 系统

机载 SAR 系统的发展为星载雷达系统的发展奠定了基础,国际上主要的机载雷达系统列表可见表 2.3。这里重点介绍来自 JPL 的 UAVSAR(uninhabited airborne vehicle synthetic aperture radar)雷达系统,该系统搭载在 Gulfstream-III 飞机上,所用雷达波长为 24 cm,具有全极化和重复轨道干涉功能,表 2.4 列出了 UAVSAR 雷达系统的详细参数。UAVSAR 雷达系统使用实时 GPS 来控制航线,具有精确的轨道信息,为重复轨道干涉提供前提条件。该系统在地面沉降和滑坡监测方面取得了成功的应用(Delbridge et al.,2016;Sharma et al.,2016)。

表 2.3　主要的机载雷达系统

机载传感器	波段	极化	国家	载机
AIRSAR	C,L,P	全极化	美国	NASA DC-8
GeoSAR	X,P	单极化(X)双极化(P)	美国	Gulfstream-II
UAVSAR	L	全极化	美国	Gulfstream-III
E-SAR	X,C,L,P	H 和 V	德国	Dornier DO 228
F-SAR	X,C,S,L,P	全极化	德国	Dornier DO 228
EMISAR	C,L	全极化	丹麦	Gulfstream-G3
PiSAR	X,L	全极化	日本	Gulfstream II
RAMSES	W,Ka,Ku,X,C,S,L,P	全极化	法国	Transall C160
CV-580	X,C	全极化	加拿大	Convair 580
CAS/SAR	X	全极化	中国	奖状 II 型
L-SAR	L	双极化	中国	奖状 II 型

表 2.4　UAVSAR 雷达系统详细参数

参数名称	参数值
频率	1.26 GHz
带宽	80 MHz
脉冲长度	$5 \sim 50 \, \mu s$
极化	全极化
距离向幅宽	16 km
视角范围	$25° \sim 65°$
传输能量	3.1 kW
天线尺寸	0.5 m×1.6 m
飞行高度	$2\,000 \sim 18\,000$ m
飞行速度	$100 \sim 250$ m/s

2.2.3　地基 SAR 系统

地基合成孔径雷达干涉测量技术(ground based InSAR,GB-InSAR)是一种基于微波主动探测的地面创新雷达技术,它的工作原理和星载 InSAR 技术类似(Rödelsperger, 2011)。GB-InSAR 技术具有监测成本低、精度高、数据采集周期短等优点,是一种全新的变形监测方法。GB-InSAR通过干涉技术可实现沿雷达视线方向(即距离向)优于亚毫米级的微变形监测。该技术已经广泛应用于滑坡(Herrera et al.,2009;Noferini et al.,2007;Strozzi et al.,2005;Tarchi et al.,2003)、冰川(Luzi et al.,2007)、建筑物(Tarchi et al.,2000)、大坝(Alba et al.,2008)和桥梁(Dei et al.,2009)等的形变监测,并取得了满意的成果。与此同时,硬件系统也得到了快速发展,涌现了不同的地基干涉雷达系统,下面将介绍一些主流的系统。

1) LiSAR 地基合成孔径雷达系统

LiSAR(linear SAR)地基合成孔径雷达系统是欧盟联合研究中心于1999年研制的,采用步进频率连续波技术,工作在C到Ku波段,工作频率为0.5~18 GHz,可观测到几米到数千米的范围。如图2.4所示,共两个天线,一个为发射天线,另一个为接收天线,通过在2.8 m长的水平轨道上滑动来形成合成孔径雷达,3 dB波速宽度约为20°(Rudolf et al.,1999)。

图2.4　LiSAR地基合成孔径雷达系统(Rudolf et al.,1999)

2) GPRI 便携式雷达干涉仪

GPRI (GAMMA portable radar interferometer)便携式雷达干涉仪有一个发射天线和两个接收天线,是GAMMA公司最新研制的真实孔径地基雷达系统,其监测精度可达到亚毫米级(Werner et al.,2008)。

如图2.5所示,GPRI便携式雷达干涉仪有一个发射天线和两个接收天线,两接收天线之间有一定的基线距,可用于生成DEM,并在短于20 min的时间里获取0~4 km范围内的雷达影像。这些天线架设在三脚架上,并可以旋转扫描,具有相当广阔的视角。

图 2.5　GAMMA 公司研制的 GPRI 便携式雷达干涉仪（Werner et al.，2008）

3）IBIS 地基雷达系统

意大利佛罗伦萨大学和 IDS 公司经过长达 6 年的合作，成功研制了基于 GB-InSAR 技术的 IBIS 地基雷达系统。该系统是一个集合步进频率连续波技术（step frequency continuous wave，SF-CW）、合成孔径雷达技术（SAR）和干涉测量技术的高新技术产品（Rödelsperger et al.，2010）。

如图 2.6 所示，IBIS 地基雷达系统分为 IBIS-S 和 IBIS-L 两种型号。IBIS-S 硬件系统组成有数据采集单元、数据记录处理单元、能量供应单元和三脚架。IBIS-L 硬件系统组成有数据采集单元、数据记录处理单元，能量供应单元和滑轨。

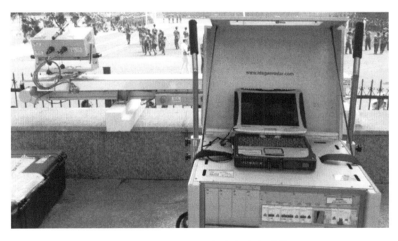

图 2.6　IBIS-L 地基干涉雷达系统

IBIS-S 属于真实孔径雷达，主要用于监测线性构筑物，如桥梁或高层建筑物。IBIS-L 属于合成孔径雷达，主要对大坝、边坡工程和库区等水工建筑及不稳定性边坡、滑坡等灾害进行监测及预警。IBIS-S 与 IBIS-L 两种系统的区别主要为：IBIS-S 系统中的传感器架设在三脚架上,只能区分距离向的目标,无法区分方位向的目标;IBIS-L系统中的传感器安装在一个2 m长的滑轨上,可滑动形成合成孔径,能区分距离向和方位向的目标。

4) FastGBSAR

FastGBSAR(fast ground-based synthetic aperture radar)是由荷兰的遥感公司Metasensing研发制作,工作在Ku波段的新型全极化地基干涉雷达系统(Meta,2010),如图2.7所示。FastGBSAR是目前市场上唯一能够在5 s内获取一幅二维雷达影像的地基雷达系统,高的时间分辨率使其能够捕捉更多的形变细节信息。该系统集合成孔径雷达和真实孔径雷达两种数据采集模式于一身,可用于监测形变和测量震动,在大坝、桥梁、滑坡和露天矿等方面取得了成功应用。

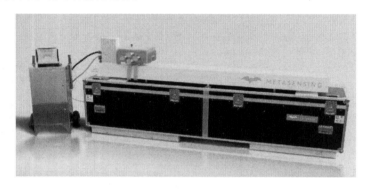

图2.7　快速地基干涉雷达系统(Liu et al.,2015)

2.3　相干与非相干信息

2.3.1　SAR影像特征信息

光学遥感影像记录的基本特征信息是地物目标在不同波长的可见光和红外波段上的反射率。与此类似,SAR影像记录了地物目标在特定频率微波波段上的后向散射强度信息。同时记录了表征微波脉冲在SAR天线与地物目标之间传播路径长度的相位信息,这是雷达遥感独有的一类特征信息,也是雷达遥感区别于光学遥感的重要基础特性之一。对于常见的单频窄带SAR系统来说,由SAR天线发出的任意两个微波脉冲信号在传播过程中总保持相位差恒定,这种特性称为相干。当SAR系统以相似的成像几何对同一场景进行观测成像时,不同观测获取的来自同一分辨单元的散射回波信号之间的相似性程度称为相干性,一般采用统计估计得到的相干系数来量化表示。在雷达遥感研究应用中,一般将相位和相干性统称为相干信息,而将后向散射强度等称为非相干信息。此外,从多种不同极化方式获得的雷达散射回波信号可以提取出各种反映地物目标散射机理的极化特征信息,极化信息大体上也属于非相干信息。

对于单极化SAR系统,通常采用复散射矢量同时记录非相干的散射强度信息和相干的相位信息;而对于多极化 SAR 系统,一般使用复散射矩阵来记录各极化通道上的散射强度和相位信息。进一步地,由复散射矩阵可计算提取各种极化特征信息。相干信息主要反映了地物目标的几何特性,而非相干信息主要反映了地物目标的物理属性。围绕相干和非相干信息的提取应用,目前雷达遥感形成了两个主要的研究领域。对 SAR 数据中相干信息的研究主要指利用多幅 SAR 影像的相干相位信息提取地表精确的几何参数;对非相干信息的研究主要指利用 SAR 影像的强度和极化特性等进行目标解译和地表环境参数提取。

一方面,利用雷达回波信号的相干相位信息提取地表精确的几何参数是雷达遥感的独特优势,由此发展起来的雷达干涉测量技术已成为雷达遥感的前沿发展方向之一。作为 InSAR 技术的延伸,差分干涉测量可以用于监测地表微小形变,已广泛应用于地形测绘、地质灾害监测和地球动力学等领域。针对 D-InSAR 技术应用中存在的时间与空间去相关问题,以点目标模型为基础,20 世纪末发源于意大利米兰理工大学的永久散射体(permanent/persistent scatterer,PS)干涉测量方法,将注意力集中在一些长时间序列上保持稳定散射特性的点目标(point-like target)上。由于不受长时间/空间基线的限制,该技术可达到米级高程测量精度和毫米级地表形变监测能力,在地表微小形变监测等应用领域得到了广泛的应用。

另一方面,SAR 回波信号包含的非相干信息,包括散射强度与极化特征等作为独立于相位信息的观测量,便于全面地研究地物目标的散射特性及其变化,在地物目标识别和地表环境参数提取等领域的研究中有着十分重要的作用。对非相干信息的利用主要体现在地物目标的识别提取和变化检测两个方面。在目标识别提取方面,国内外学者已开展了理论模型和解译方法方面的相关研究,如邵芸等(2008)、Balz 等(2010)分别对汶川大地震后获取的多幅不同时相的 TerraSAR-X 和 COSMO-SkyMed 影像进行了目视解译,分析提取了汶川地震后城镇建筑物的损毁情况,建立了相应的解译标志(邵芸 等,2008;Balz et al.,2010)。而在 SAR 图像变化检测方面,早期研究主要是通过比较定标后的两幅或多幅散射强度图像来检测地物变化,但其结果通常不够理想,近年来出现的相干变化检测则利用干涉相干信息与雷达回波强度相结合来检测地物目标类型的变化,已成为微波遥感领域新的研究课题。

2.3.2　相干与非相干信息的综合利用

SAR 数据中包含的相干和非相干信息从不同方面反映了地物目标的几何与物理属性,两者在实际应用中可以形成很好的相互补充,更全面地刻画地物目标特性,因此综合利用这两类特征信息,能够有效降低 SAR 影像解译和信息提取过程中的不确定性,提高最终结果的精度和可靠性。相干与非相干信息综合利用的途径很多,限于篇幅本节不再一一列举,仅给出三个典型实例加以说明。

第一个实例是 SAR 影像地物分类。图 2.8 给出了一组美国圣弗朗西斯科地区的光学图像和覆盖同一区域的一对 TerraSAR-X 数据处理生成的平均强度图像与相干系数图。显而易见,从 SAR 强度图像中很难区分自然地物和建筑区,但在相干系数图上,仅仅采用简单的阈值分割就可加以区分;从相干系数图上很难再对自然地物进一步细分,如图2.8中的草坪和树林,但在强度图中则可以利用灰度和纹理差异进行区分。因此,将相干和非相干信息有机结合起来,可以更加全面地分析和理解地物覆盖类型分布特征和时空演变过程。借助多时相/视向SAR、极化SAR和时间序列InSAR分析等技术,实现相干和非相干信息的一体化分析处理,可望进一步提高城市目标识别、精细结构提取和形变监测等应用的能力。

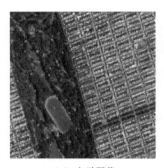

（a）光学图像　　　　　　　　（b）SAR平均强度图像　　　　　　　（c）InSAR相干系数图

图2.8　相干和非相干信息用于地物分类

第二个实例是基于星载SAR数据的地形测量。众所周知,InSAR是当前从卫星雷达遥感获取的对地观测数据中提取地形信息最主要的技术手段。InSAR地形测量的基本原理是利用SAR数据特有的相位信息,结合精确的SAR卫星成像几何参数和轨道星历参数,来反演地表高程信息。2000年NASA实施的SRTM计划、2010～2014年DLR实施的TanDEM-X计划分别采用基于航天飞机搭载双天线和双星编队绕飞体制的InSAR技术,成功获取了全球高精度陆表地形信息,充分展现了InSAR技术在地形测量方面的巨大应用潜力。然而,InSAR地形测量的可用性高度依赖于观测数据的相干性。当空间基线过长或者两次观测到的地表覆盖发生显著变化时,相干性会大大降低以至于干涉相位完全被随机噪声所淹没,导致完全无法提取高程信息。在这种情况下,可采用另一种雷达遥感技术——雷达摄影测量（StereoSAR）替代InSAR用于地形信息提取。StereoSAR技术不依赖相位信息,仅利用非相干的幅度信息,通过SAR立体像对精确匹配提取视差,进而结合成像几何和轨道星历参数,估计得到地表高程。StereoSAR技术的高程测量精度通常比不上InSAR,但其对地表覆盖变化的敏感程度远低于InSAR,因此特别适用于植被覆盖区等低相干区域的地形测量。事实上,对于困难地区地形测图来说,集成StereoSAR和InSAR两种技术,综合利用相干相位信息和非相干幅度信息,能够更有效地从SAR观测数据中提取地形信息。

第三个实例是利用重复轨道观测获取的星载SAR数据探测地表形变。经典的二轨法/三轨法差分干涉测量（D-InSAR）技术仅利用相位信息进行形变探测,其结果精度和可靠性取决于去相干效应和大气干扰。相比之下,在D-InSAR基础上发展起来的永久散射体干涉测量技术,将考察重点集中在那些被称为PS点的具有稳定散射特性的点目标上,通过对时间序列SAR数据形成的冗余差分干涉相位观测进行建模分析,能够更有效地从中提取出形变信号。虽然 PSInSAR 提取形变主要利用的仍是相位信息,但在 PS 点的识别选取过程中,非相干的幅度信息也同样发挥了重要作用,具体体现为幅度离差指数被当作相位稳定性的替代指标用于 PS 点的初始筛选,因此可以说 PSInSAR 技术实际上综合利用了相干和非相干信息。基于相位观测的干涉测量技术对形变的探测能力是有限的,当形变量级及其梯度过大时,干涉测量将因为严重去相干和相位混叠问题而完全失效。在这种情况下,可采用 POT 技术来提取形变信号。POT 不依赖相位信息,而仅利用非相干的幅度信息,通过亚像元级的密集匹配来量化估计地表形变,因此适合于对地震、火山、滑坡等灾害产生的形变场进行探测分析。对于这类大梯度形变的探测来说,集成采用雷达差分干涉测量和偏移量追踪方法,综合利用相干和非相干信息,能够更全面有效地获取形变时空分布特征。

2.4　SAR 形变监测方法概述

2.4.1　InSAR/D-InSAR 基本原理

1. InSAR 基本原理

InSAR 技术的基本原理在很多文献中都有详尽的介绍(廖明生 等,2014;2003;Hanssen,2001;Rosen et al.,2000;Bamler,1998),考虑到全书的完整性和便于不同专业背景的读者阅读,这里还是对 InSAR 的基本原理做一概述。并考虑到书中涉及的 SAR 数据都来自于星载系统,本节以重复轨道星载 SAR 传感器为例从几何关系的角度展开相关的叙述。

如图 2.9 所示,SAR 平台的飞行方向垂直指向纸面,O 表示地球中心,也是坐标原点,y 轴表示距离向,z 轴表示由星下点指向天线的径向。假设卫星两次经过地面点 T,h 表示目标 T 相对于参考椭球的高程。传感器 S_1 和 S_2 的位置可由卫星轨道参数获得,它们到目标 T 的距离记为 R_1 和 R_2,两传感器之间的距离称为空间基线 B,基线 B 沿雷达视线向分解,平行于视线方向为平行基线 $B_{/\!/}$,垂直于视线向分量为垂直基线 $B_\perp$。α 为基线 B 与水平面的夹角。由于传感器的位置是已知的,S_1 到参考椭球的垂直高度 H 也是已知的。从图 2.9 中的几何关系可知,想要求得目标 T 的高程,关键是求得 S_1 的入射角 θ。干涉测量的本质在于:由于两次回波信号的高度相干性,信号的传播路径差 $R_1 - R_2$ 可以由它们之间的相位差 $\Delta\varphi$ 得到,即

$$\Delta\varphi = \varphi_2 - \varphi_1 = -\frac{4\pi}{\lambda}(R_2 - R_1) \tag{2.8}$$

$\Delta S_1 T S_2$ 中利用余弦定理可得

$$\cos(90° - \theta + \alpha) = \sin(\theta - \alpha) = \frac{R_1^2 - R_2^2 + B^2}{2R_1 B}$$

$$= \frac{(R_1 - R_2)(R_1 + R_2)}{2R_1 B} + \frac{B}{2R_1} \tag{2.9}$$

在图 2.9 中 $R_1 \gg B$ 且 $R_1 \gg R_1 - R_2$,将式(2.1)代入式(2.2)中可得

$$\sin(\theta - \alpha) \cong \frac{(R_1 - R_2)}{B} = -\frac{\lambda \Delta\varphi}{4\pi B} \tag{2.10}$$

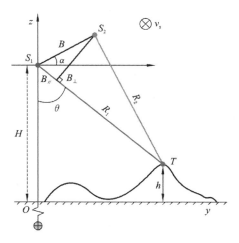

图 2.9 InSAR 平面几何关系示意图

因此,计算中如果已知 $\Delta\varphi$、α、B、λ、H,则可以根据式(2.3)～式(2.5)求得目标 T 的高程 h:

$$\theta = \alpha - \arcsin\left(\frac{\lambda \Delta\varphi}{4\pi B}\right) \tag{2.11}$$

$$h = H - R_1 \cos\theta \tag{2.12}$$

2. D-InSAR 基本原理

当 SAR 系统对同一地物目标进行两次或多次观测时,如果地物目标的几何位置相对于传感器发生了变化,则称为发生了形变。对于通过两次或多次干涉测量得到地物目标形变量的技术,称为雷达差分干涉测量技术(D-InSAR)。

图 2.10 为 D-InSAR 技术的几何关系示意图。与图 2.9 相同,干涉相位 $\Delta\varphi$ 可以表示卫星 S_1 和 S_2 到目标 T 的距离差 $R_1 - R_2$。只是,此时目标 T 自身沿雷达视线向发生了位移 Δr。此时,可将式(2.1)中的干涉相位表示为

$$\Delta\varphi = \varphi_2 - \varphi_1 = -\frac{4\pi}{\lambda}\Delta r = \Delta\varphi_{\text{flat}} + \Delta\varphi_{\text{topo}} + \Delta\varphi_{\text{def}} + \Delta\varphi_{\text{noise}} \tag{2.13}$$

式中:$\Delta\varphi_{\text{flat}}$ 为地球椭球面引起的干涉相位,如图 2.11 所示,在参考椭球面上高程相同的两点 T 和 T',传感器沿雷达距离向到达两目标时仍存在距离差,会产生干涉相位,称为平地效应,在干涉处理时应予以去除;$\Delta\varphi_{\text{topo}}$ 为地表高程变化引起的干涉相位,称为地形相位;$\Delta\varphi_{\text{def}}$ 为目标沿雷达视线向位移的变化引起的形变相位;$\Delta\varphi_{\text{noise}}$ 为 D-InSAR 测量中其他噪声源产生的噪声相位。

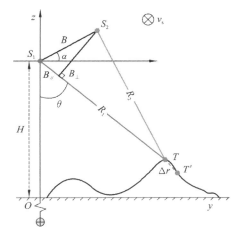

图 2.10　D-InSAR 平面几何关系示意图

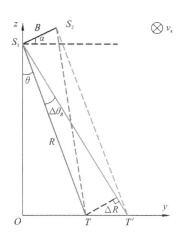

图 2.11　干涉测量中平地效应示意图

D-InSAR 的实现方法主要有三种：二轨法、三轨法和四轨法。

1）二轨法（2-Pass）

二轨法的基本思想是通过引入外部 DEM 去除干涉相位中地形相位，该方法最早由 Massonnet 提出（Massonnet et al.，1993）。实现过程中需要两景覆盖同一地区的 SAR 影像和辅助 DEM。首先，需要将 DEM 与主影像进行配准处理；之后再利用 DEM 模拟成地形干涉条纹，得到地形相位；从主从影像对生成的干涉图中去除这部分地形相位，即可得到形变相位；通过相位到斜距的转换计算，得到形变相位对应的雷达视线向形变量。

2）三轨法（3-Pass）

三轨法最早由 Zebker 提出（Zebker et al.，1994），实现过程中需要三景覆盖同一地区的 SAR 影像，并对影像对之间的时空基线有一定要求。首先，利用两景短时间基线的影像对生成反映地形信息的干涉图 1；再由另外两景短空间基线、长时间基线的影像对生成包含形变和地形信息的干涉图 2；从干涉图 2 中去除干涉图 1 得到的地形相位，再去除平地效应的影响，得到差分干涉相位；通过相位到斜距的转换计算，得到差分干涉相位对应的雷达视线向形变量。

3）四轨法（4-Pass）

四轨法通常是在雷达影像对难以满足三轨法的要求时使用，实现过程与三轨法类似。区别在于四轨法需要四景覆盖同一地区的 SAR 影像用以形成两组主从影像对；其中一组短时间基线的影像对，用于生成反映地形信息的干涉图 1；另外一组短空间基线、长时间基线的影像对，用于生成包含形变和地形信息的干涉图 2。生成干涉图 1 和 2 之后的处理步骤与三轨法相同。

在 D-InSAR 的实现方法中，如果已知外部 DEM，则二轨法是最优的方法；如果没有外部 DEM,则综合考虑选择三轨法还是四轨法,如果三次观测形成的干涉对满足三轨法要求,则优选三轨法处理,如果不满足,则选择四轨法处理。

2.4.2 时间序列 InSAR 方法

重复轨道干涉测量是利用不同时间对同一地区观测获取的两幅雷达影像进行缓慢形变监测的常用手段。由于两次数据获取相隔一段时间且平台在空间位置上不重合,目标散射特性不同等原因造成了去相干,对后续的相位解缠及实际应用都造成了很大的影响。而且,微波遥感虽然能够穿透大气进行成像,但是大气对 DEM 和形变结果的最终精度会造成影响。因此人们开始研究更加可靠稳健的方法来克服去相干及大气的影响,包括永久散射体干涉测量和小基线集方法在内的时间序列 InSAR 分析技术应运而生。

1.永久散射体干涉测量

一个像元去相干的程度取决于对应的地面目标的散射中心的分布,雷达影像中每个像元的信号都是对应的分辨单元内所有离散散射体信号的相干叠加。对于分布式目标,视角或者散射体的移动等原因导致像元的相位和幅度变化较大,从而导致失去相干性,如图 2.12 (a)所示。而如果像元内的相位信息是由分辨单元内的一个点目标主导,那么去相干因素的影响就会大大降低,从而能够提取到有用信息,如图 2.12 (b)所示。

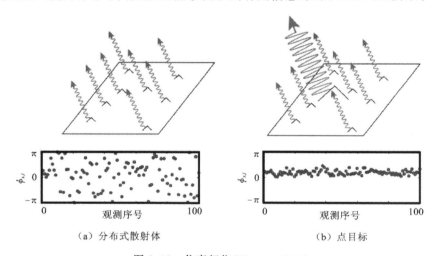

（a）分布式散射体　　　　　（b）点目标

图 2.12　仿真相位(Hooper,2006)

1999 年,Ferretti 等首次提出了永久散射体雷达干涉测量的算法进行形变监测并注册专利(Ferretti et al.,2000,2001),之后很多学者开发了类似的算法。下面将对永久散射体干涉测量算法的原理和流程进行解释。

假设获取了覆盖某一地区的 $N+1$ 幅影像,首先要综合时间、空间基线等参数选择合适的主影像。其余 N 幅影像与主影像分别进行配准和重采样,并最终生成时间序列差分干涉图。

由于差分干涉图受到时间去相干的影响,因此需要选择在时间序列上保持相位稳定的点目标进行分析。但是如果分析相位稳定性,利用相干图是最简单最快捷的方式。如果时间序列上点目标的相干性大于一个固定值,可以设为初选点。但是当 DEM 精度低的时候,相干性有可能会存在低估现象。2001 年,Ferretti 等提出在保持高信噪比的时候,振幅离差值可以代替相位标准差来衡量时间序列上点目标的稳定性(Ferretti et al., 2001)。振幅离差公式可近似地表示为振幅的标准偏差 σ_A 和均值 μ_A 的比值:

$$D_A = \frac{\sigma_A}{\mu_A} \tag{2.14}$$

在提取出候选点以后,可以对候选点在空间上进行组网(如 Delaunay 三角网)解缠。在网络的每条边的两个顶点作差得

$$\Delta\varphi = \Delta\varphi_d + \Delta\varphi_{topo} + \Delta\varphi_{atm} + \Delta\varphi_n \tag{2.15}$$

式中:$\Delta\varphi_d$、$\Delta\varphi_{topo}$、$\Delta\varphi_{atm}$、$\Delta\varphi_n$ 分别为两个顶点之间形变、高程误差、大气及噪声引起的相位差,并且形变相位可以表示为线性形变和非线性形变之和,而 DEM 误差则可以利用相位和空间基线之间的关系进行初步的估计。

$$\Delta\varphi_d = \frac{4\pi}{\lambda}T\Delta v + \Delta\varphi_{nonlinear} \tag{2.16}$$

$$\Delta\varphi_{topo} = \frac{4\pi}{\lambda}\frac{B_\perp}{R\sin\theta}\Delta h \tag{2.17}$$

可以进一步表示为

$$\Delta\varphi = \frac{4\pi}{\lambda}T\Delta v + \frac{4\pi}{\lambda}\frac{B_\perp}{R\sin\theta}\Delta h + (\Delta\varphi_{nonlinear} + \Delta\varphi_a + \Delta\varphi_n) \tag{2.18}$$

式中:$\Delta\varphi_{nonlinear}$ 为非线性形变引起的相位差。

当式(2.18)最后一项的绝对值小于 π 就可以进行解缠。而且还可以用式(2.19)对时间序列上每条边解缠结果的可靠性进行估计。当 γ 小于预设的阈值时舍弃到三角网的边合。

$$\gamma \triangleq \left| \frac{\sum\limits_{i=1}^{N} e^{j\Delta w_i}}{N} \right| \tag{2.19}$$

式中:Δw_i 为相位残差。

取 γ 最大时的高程误差和形变速度作为估计值,将这两个估计值从式(2.18)中移除,在残余相位中包括非线性的形变、大气相位及噪声带来的相位误差。可以根据形变和大气相位之间不同的特点来将它们一一分离,大气相位在空间中是一个低频信号并且空间相关的距离约 1 km。但是在时间域上,大气信号可以被认为是一个随机信号。对于非线性形变,其在空间和时间上都是相关的,一般通过时间域和空间域的滤波就可以将其分离(Mora et al.,2003;Ferretti et al.,2000)。

当从差分相位中去除大气相位后,就可以对每个候选点进行分析,并计算相干性得到最终的 PS。并在最终的 PS 上进行解缠,求解各项误差等。为了精确求得各项误差,可以对这个过程进行循环计算并得到最终结果。

2. 小基线集方法

永久散射体干涉测量采取的是单一主影像的方法,提取的是在整个时间序列上都保持相位稳定的点目标。与永久散射体干涉测量不同的是,小基线集方法(small baseline subset,SBAS)为了尽量保持干涉图的相干性,采用了多主影像的方式组合出短时间和空间基线的干涉图(Berardino et al.,2002)。这种组合方法,可以提取在一定时间内保持相干性的分布式点目标,提高了点密度,适用于自然地表的形变监测。

假设获取了覆盖同一地区的 $N+1$ 幅雷达影像,选取其中的一幅作为主影像,将其余的影像配准到主影像的成像空间上。通过设置时间和空间基线的阈值对雷达影像进行组合生成 M 幅差分干涉图。

$$\frac{N+1}{2} \leqslant M \leqslant \frac{N(N+1)}{2} \tag{2.20}$$

Berardino 等(2002)提出的小基线算法对差分干涉图首先进行了解缠,也有很多后续发展的小基线算法利用的是未解缠的干涉图,在选完点目标之后在点目标上解缠。这里假设输入的干涉图为解缠之后的干涉图(Berardino et al.,2002)。对于在 t_A 和 t_B 时刻获取的主从影像生成的第 j 景差分干涉图,其任意一点的干涉相位可以表示为

$$\delta \varphi_j = \varphi_{t_A} - \varphi_{t_B} \approx \frac{4\pi}{\lambda}(d_{t_A} - d_{t_B}) + \Delta\varphi_j^{\text{topo}} + \Delta\varphi_j^{\text{atm}} + \Delta n_j \tag{2.21}$$

式中: $1 \leqslant j \leqslant M$; d_{t_A} 和 d_{t_B} 分别为 t_A 和 t_B 时刻相对于 t_0 时刻的累积形变量。式(2.21)中的高程误差和大气都可以按照永久散射体干涉测量中的方法进行估计。当去掉差分相位中的高程误差和大气的影响之后,可以简化为

$$\delta \varphi_j = \varphi_{t_A} - \varphi_{t_B} \approx \frac{4\pi}{\lambda}(d_{t_A} - d_{t_B}) \tag{2.22}$$

假设两个相邻时间间隔内的形变速率是线性的,即在整个时间段内是分段线性的,那么第 j 景干涉图的形变相位值可以写成

$$\delta \varphi_j = \sum_{k=t_{B,j}+1}^{t_{A,j}} (t_k - t_{k-1}) v_k \tag{2.23}$$

然后将所有的解缠差分干涉的相位组合成矩阵形式可以得到

$$\boldsymbol{B} v = \delta \varphi \tag{2.24}$$

式中: $\boldsymbol{B}$ 为一个 $M \times N$ 的矩阵。由于在进行差分干涉图组合时,设置了时间及空间基线对干涉对进行组合,有可能出现不连续的干涉图子集,而此时矩阵 $\boldsymbol{B}$ 就会出现秩亏。而奇异值分解可以在矩阵秩亏的情况下求出 $\boldsymbol{B}$ 的广义逆矩阵,并求得最终的形变速率。

3. QPS 技术

如果用图论中的顶点和边来分别代表 SAR 影像和两幅影像所生成的干涉图,则传统 PSInSAR 技术采用的是单一主影像干涉组合方式,如图 2.13(a)所示,生成的是一种星状图。如果继续从图论的角度来考虑时间序列 InSAR 影像的组合问题,在保持图的联通

性,即标尺形变观测连续性的同时,能够给定干涉图的相干性作为连接 SAR 影像边的权重值,随后利用图论中的最小生成树算法,得到最优干涉图子集(Perissin et al.,2012),如图 2.13(b)所示。

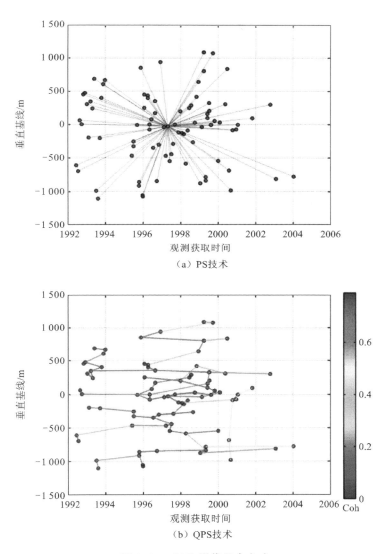

（a）PS技术

（b）QPS技术

图 2.13　SAR 影像组合方式

在按照最小生成树算法得到干涉图序列的基础上,QPS(Quasi Permament/Persistent Scatterer)技术与 PSInSAR 技术在时空维度上均有一定的区别,在时间维度上,由于这一干涉组合策略生成的干涉图中包含了一些只在部分时间保持相干性的目标,所以相干估计值可以作为权重引入迭代计算中。这样,在最大化时间相干性的过程中,当目标在一些干涉图中的相干性较低时,其中干涉相位值将不会影响其他观测值。在空间维度上,考虑到分布式目标中所蕴含的信息受到基线去相干的影响,在传统 PSInSAR 技术中通常不被采用的空间滤波手段在 QPS 技术中却需要应用在干涉图中以获取更多的信息。

QPS 技术通过最大化目标的时间相干性因子,在时间序列 InSAR 数据中选择具有较高相干性的干涉图子集提取目标的高程和形变速率信息。虽然 QPS 算法的提出改变了 PSInSAR 技术的数据组合策略,但是,它却可以十分方便地直接嵌入在标准的 PSInSAR 数据处理流程中而无需对原有算法进行大的改动。QPS 技术的提出主要是为了解决在非城区 PS 点不足的情况下如何更好地提取时间序列 InSAR 数据中蕴含的相干信息问题,但它也有缺点,即信息提取的精度不够。这是因为具有高相干性的干涉图主要集中在短时间空间基线数据中,因而限制了测量精度的提高。另外,空间滤波的应用也会影响目标信息的提取精度。综合 PSInSAR 和 QPS 两种技术手段来看,二者的互补性是十分明显的,在城市等人工地物稳定且密集的区域,PSInSAR 技术无疑能带来精度更高的观测结果,而在目标的点状特性不明显和在时间维上不稳定的区域,QPS 技术则具有更好的适应性。QPS 技术将 PSInSAR 技术的应用扩展到滑坡监测断层形变研究等地质科学应用领域。

4. SqueeSAR 技术

由意大利学者提出的新一代时间序列 InSAR 技术——SqueeSAR(Ferretti et al.,2011),通过联合永久散射体和分布式散射体来增加观测点数量,解决了稀疏植被覆盖地区形变信息提取的难题。SqueeSAR 技术主要由 PS 点预处理、DS 点预处理和二者联合处理三个步骤组成,其中 DS 点的预处理为算法重点。

首先,从时间序列影像中识别出 PS 点。PS 点对应于 SAR 图像上相位稳定的相干散射点,而相位稳定性可用振幅离差指数近似表达,因此通常采用幅度离差指数作为评价准则来选取候选 PS 点。

其次,对 DS 点目标进行预处理,主要包括相干矩阵计算和最优相位估计。像素 P 的相干矩阵计算如下:

$$\boldsymbol{\Gamma}(P) = E\left[\boldsymbol{dd}^H\right] \approx \frac{1}{|\Omega|} \sum_{P \in \Omega} \boldsymbol{d}(P)\boldsymbol{d}(P)^H \tag{2.25}$$

式中:$\boldsymbol{d}$ 为归一化像素复数值向量;H 为复数共轭;Ω 为像素 P 的同质像素(SHP)集合,SHP 的识别可采用 KS/AD 等统计方法。得到相干矩阵后,SqueeSAR 采用极大似然估计方法来提取最优差分干涉相位,方程式如下:

$$\hat{\boldsymbol{\lambda}} = \arg\max\{\boldsymbol{\Lambda}^H(|\boldsymbol{\Gamma}|^{-1} \cdot \boldsymbol{\Gamma})\boldsymbol{\Lambda}\} \tag{2.26}$$

式中:$\hat{\boldsymbol{\lambda}}$ 为最优相位向量;$\boldsymbol{\Lambda}$ 为最优复相位组成的对角矩阵。求解该非线性最优函数的最小化,可以采用 BFGS(Broyden-Fletcher-Goldfarb-Shanno)拟牛顿算法。

最后,联合利用 PS 和 DS 点上的相位信号,采用经典 PSInSAR 分析方法从相位信号中依次分离出轨道误差、DEM 误差、大气扰动等,最终得到形变信号。

2.4.3 像素偏移量分析技术

InSAR 算法在大多数情况下适合提取视线向的缓慢形变,在发生大的形变的时候就会发生失相干。而多孔径干涉测量技术虽然可以测量方位向形变,但是对相干性依赖性很高,在低相干区域适用性较低。像素偏移量分析技术只利用雷达幅度信息并且能够测量方位向和距离向的二维形变。1999 年,Michel 等首次将偏移量分析技术用于地震形变观测,并取得很好的测量效果(Michel et al.,1999a;1999b)。

像素偏移量分析技术首先利用幅度信息对 SAR 影像进行粗匹配,利用精密轨道信息计算影像间的初始偏移量。然后,在粗匹配偏移量的基础上进行局部精匹配。选取一定大小的搜索窗口并计算归一化的互相关系数,该指标可用于评价雷达信号强度的相似性。当互相关系数达到最大时就得到了精确的子像素级的偏移量

$$\rho(x,y)=\sum_{-m}^{m}\sum_{-n}^{n}f_{\text{master}}(x,y)f_{\text{slave}}(x-x_{\text{s}},y-y_{\text{s}}) \tag{2.27}$$

式中:x 和 y 为主影像坐标;x_{s} 和 y_{s} 为粗配准得到的偏移量;f_{master} 和 f_{slave} 分别为主影像幅度和辅影像幅度。

当互相关系数达到最大时,可以求出主从影像之间精确的偏移量,这时得到的偏移量里面包含了轨道误差和形变信息。较长波段容易受到电离层的影响,还包含了电离层信息,不过大多数情况下可以直接忽略。两幅影像之间的偏移量可以表示为

$$\Delta R=\Delta R_{\text{orb}}+\Delta d \tag{2.28}$$

式中:ΔR_{orb} 为由轨道误差引起的偏移量。

一般情况下,轨道误差信息可以用一个双线性或者二次多项式来进行拟合。

$$\Delta R_{\text{orb}}=a_0+a_1x+a_2y+a_3xy \tag{2.29}$$

$$\Delta R_{\text{orb}}=a_0+a_1x+a_2y+a_3xy+a_4x^2+a_5y^2 \tag{2.30}$$

利用式(2.29)或式(2.30)去除轨道信息之后,就可以得到最终的形变信息。

2.4.4　多孔径干涉测量

多孔径干涉测量(multi aperture InSAR,MAI)方法在重复轨道 SAR 成像时,在方位向按零多普勒中心进行频谱分割,形成前后视单视复数影像(single look complex,SLC)影像对,然后对前后影像对分别进行干涉处理,将前后视干涉图共轭相乘得到子孔径干涉图,最终可以提取方位向形变(Bechor et al.,2006)。

除了在成像时可以对零级数据形成前后视影像,也可以对单视复数影像进行方位向公共谱滤波来得到(胡俊 等,2013)(图 2.14)。一对干涉雷达影像可以生成四个子孔径影像:前视主影像、后视主影像、前视从影像和后视从影像。前视主从影像和后视主从影像进行干涉的处理流程与传统的 D-InSAR 一致。方位向形变量 x 在前视和后视干涉图的相位为

$$\Phi_{\text{forward}}=-\frac{4\pi x}{\lambda}\sin\left(\theta_{\text{SQ}}+\frac{\alpha}{4}\right) \tag{2.31}$$

$$\Phi_{\text{back}}=-\frac{4\pi x}{\lambda}\sin\left(\theta_{\text{SQ}}-\frac{\alpha}{4}\right) \tag{2.32}$$

式中:θ_{SQ} 为全孔径影像标称的倾斜视角;α 为全孔径情况下的雷达天线波束角。当分成两个子孔径时,子孔径雷达影像对应的波束角为 $\frac{\alpha}{4}$,前视子孔径影像的倾斜视角为 $\theta_{\text{SQ}}+\frac{\alpha}{4}$,

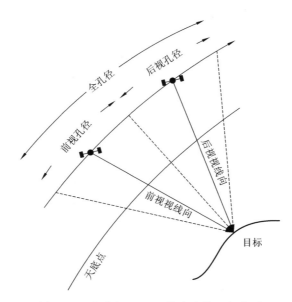

图 2.14　多孔径 InSAR 技术成像几何关系

后视子孔径影像的倾斜视角为 $\theta_{\mathrm{SQ}} - \dfrac{\alpha}{4}$。

方位向的形变信息可以通过作差获得

$$\Phi_{\mathrm{MAI}} = \Phi_{\mathrm{forward}} - \Phi_{\mathrm{back}} = -\frac{4\pi x}{\lambda} 2\sin\frac{\alpha}{4}\cos\theta_{\mathrm{SQ}} \tag{2.33}$$

如果 θ_{SQ} 和 α 足够小,而且 $\alpha \approx \dfrac{\lambda}{l}$,其中,$l$ 为天线长度。

$$\Phi_{\mathrm{MAI}} = \frac{2\pi}{l} x \tag{2.34}$$

测量的精度为

$$\sigma_x = \frac{l}{2\pi}\sigma_\Phi \tag{2.35}$$

MAI 技术可以很容易地在传统的 InSAR 处理流程中实现,在相干性较高时,相比于基于幅度信息的像素偏移量技术,该方法在测量精度和计算效率上都有很大程度的提高。但其测量精度主要受限于相干性。滑坡区域一般植被覆盖较多,相干性整体偏低,因此在滑坡形变监测中应用非常少。

参 考 文 献

保铮,刑孟道,王彤,2005.雷达成像技术.北京:电子工业出版社.

胡俊,李志伟,张磊,等,2013.多孔径 InSAR 技术电离层校正方法及二维形变场应用研究:以玉树地震为例.中国科学(地球科学),(3):457-468.

郭华东,2000.雷达对地观测理论与应用.北京:科学出版社.

蒋厚军,2012.高分辨率星载 InSAR 技术在 DEM 生成及更新中的应用研究.武汉:武汉大学.

廖明生,王腾,2014. 时间序列 InSAR 技术与应用. 北京:科学出版社.

廖明生,林珲,2003. 雷达干涉测量:原理与信号处理基础. 北京:测绘出版社.

邵芸,宫华泽,王世昂,等,2008. 多源雷达遥感数据汶川地震灾情应急监测与评价. 遥感学报,12(6): 865-870.

孙家炳,2013. 遥感原理与应用. 武汉:武汉大学出版社.

张澄波,1987. 综合孔径雷达. 中国科学院院刊(4):51-52.

ASI-Italian Space Agency, 2007. COSMO-SkyMed System Description & User Guide, http://www. cosmo-skymed. it/docs/ASI-CSM-ENG-RS-093-A-CSKSysDescriptionAndUserGuide. pdf

ABDELSALAM M G, ROBINSON C, EI-BAZ F, et al., 2000. Applications of orbital imaging radar for geologic studies in arid regions: the Saharan testimony. Photogrammetric Engineering and Remote Sensing, 66(6):717-726.

ALBA M, BERNARDINI G, GIUSSANI A, et al., 2008. Measurement of dam deformations by terrestrial interferometric techniques//The International Archives of the Photogrammetry. Remote Sensing and Spatial Information Sciences, 37:133-139.

BALZ T, LIAO M S, 2010. Building-damage detection using post-seismic high-resolution SAR satellite data. International Journal of Remote Sensing, 31(13):3369-3391.

BAMLER R. 1998. Synthetic aperture radar interferometry. Inverse Problems, 14(4):12-13.

BECHOR N B, ZEBKER H A, 2006. Measuring two-dimensional movements using a single InSAR pair. Geophysical Research Letters, 331(16):275-303.

BERARDINO P, FORNARO G, LANNARI R, et al., 2002. A new algorithm for surface deformation monitoring based on small baseline differential SAR interferograms. IEEE Transactions on Geoscience and Remote Sensing, 40(11):2375-2383.

BORN G H, DUNNE J A, LAME D B. 1979. SEASAT mission overview. Science, 204:1405-1406.

COVELLO F, BATTAZZA F, COLETTA A, et al., 2010. COSMO-SkyMed an existing opportunity for observing the Earth. Journal of Geodynamics, 49(3-4):171-180.

DEI D, PIERACCINI M, FRATINI M, et al., 2009. Detection of vertical bending and torsional movements of a bridge using a coherent radar. NDT & E International, 42(8):741-747.

DELBRIDGE B G, BüRGMANN R, FIELDING E, et al., 2016. Three-dimensional surface deformation derived from airborne interferometric UAVSAR:Application to the Slumgullion Landslide. Journal of Geophysical Research:Solid Earth, 121(5):3951-3977.

ESA, 2012a. ERS-1/2 Satellite, https://earth. esa. int/web/guest/missions/esa-operational-eo-missions/ers.

ESA, 2012b. Envisat Satellite, https://earth. esa. int/web/guest/missions/esa-operational-eo-missions/envisat.

FERRETTI A, PRATI C, ROCCA F, 2000. Nonlinear subsidence rate estimation using permanent scatterers in differential SAR interferometry. IEEE Transactions on Geoscience and Remote Sensing, 38(5):2202-2212.

FERRETTI A, PRATI C, ROCCA F, 2001. Permanent scatterers in SAR interferometry. IEEE Transactions on Geoscience and Remote Sensing, 39(1):8-20.

FERRETTI A, FUMAGALLI A, NOVALI F, et al., 2011. A new algorithm for processing interferometric data-stacks:SqueeSAR. IEEE Transactions on Geoscience and Remote Sensing, 49(9):3460-3470.

HANSSEN R F, 2001. Radar interferometry:Data interpretation and error analysis. Journal of the

Graduate School of the Chinese Academy of Sciences,2(1):577-580.

HERRERA G,FERNáNDEZ-MERODO J,MULAS J,et al.,2009. A landslide forecasting model using ground based SAR data:The portalet case study. Engineering Geology,105(3-4):220-230.

HOOPER A J,2006. Persistent Scatter Radar Interferometry for Crustal Deformation Studies and Modeling of Volcanic Deformation. Stanford:Stanford University.

JAXA,2004. Japanese Earth Resources Satellite-1 (JERS-1). http://www. eorc. jaxa. jp/JERS-1/en/index. html.

JAXA,2011. About ALOS-PALSAR. http://www. eorc. jaxa. jp/ALOS/en/about/palsar. htm.

JENSON J R,2000. Remote Sensing of the Environment:An Earth Resource Perspective. New Jersey:Prentice Hall.

KANKAKU Y,SAGISAKA M,SUZUKI S,2014. Palsar-2 launch and early orbit status. Geoscience and Remote Sensing Symposium (IGARSS),2014 IEEE International. IEEE:3410-3412.

KRIEGR G, MOREIRA A, FIEDLER H, et al., 2007. TanDEM-X: A satellite formation for high-resolution SAR interferometry. Geoscience and Remote Sensing, IEEE Transactions On, 45 (11): 3317-3341.

LIU Y,CHEN L,HUANG Y,et al.,2015. FastGBSAR case studies in China:monitoring of a dam and instable slope. In Proceeding of IEEE Asia-Pacific Conference on Synthetic Aperture Radar:849-852.

LUZI G,PIERACCINI M,MECATTI D,et al.,2007. Monitoring of an alpine glacier by means of ground-based SAR interferometry. Geoscience and Remote Sensing Letters IEEE,4(3):495-499.

MASSONNET D, ROSSI M, CARMONA C, et al., 1993. The displacement field of the Landers earthquake mapped by radar interferometry. Nature,364(6433):138-142.

META A,2010. MetaSensing compact,high resolution interferometric SAR sensor for commercial and scientific applications. In Proceedings of the 8th European Conference on Synthetic Aperture Radar (EUSAR),VDE,1-4.

META A,MITTERMAYER J,PRATS P,et al.,2010. TOPS imaging with TerraSAR-X:mode design and performance analysis. IEEE Transactions On Geoscience and Remote Sensing,48(2):759-769.

MICHEL R,AVOUAC J P,TABOURY J,1999a. Measuring ground displacements from SAR amplitude images:Application to the Landers earthquake. Geophysical Research Letters,26(7):875-878.

MICHEL R, AVOUAC J P, TABOURY J, 1999b. Measuring near field coseismic displacements from SAR images:Application to the Landers earthquake. Geophysical Research Letters, 26 (19): 3017-3020.

MORA O,MALLORQUI J J,BROQUETAS A,2003. Linear and nonlinear terrain deformation maps from a reduced set of interferometric SAR images. IEEE Transactions on Geoscience and Remote Sensing,41(10):2243-2253.

MORENA L C,JAMES K V,BECK J,2004. An introduction to the radarsat-2 mission. Canadian Journal of Remote Sensing,30(3):221-234.

NASA,2000a. Seasat Satellite Information, http://ilrs. gsfc. nasa. gov/satellite _ missions/ list _ of _ satellites/seas_general. html.

NASA,2000b. SIR-C/X-SAR Space Radar Images of Earth,http://www. jpl. nasa. gov/ radar/sircxsar.

NOFERINI L, PIERACCINI M, MECATTI D, et al., 2007. Using GB-SAR technique to monitor slow moving landslide. Engineering Geology,95(3):88-98.

PERISSIN D,WANG T,2012. Repeat-pass SAR interferometry with partially coherent targets. IEEE

Transactions on Geoscience & Remote Sensing,50(1):271-280.

PRATS-IRAOLA P,SCHEIBER R,RODRríGUEZ-CASSOLá M,et al.,2012. High precision sar focusing of terrasar-x experimental staring spotlight data. Geoscience and Remote Sensing Symposium (IGARSS),2012 IEEE International. IEEE:3576-3579.

PRATS P,MAROTTI L,WOLLSTADT S,et al.,2010. Investigations on TOPS interferometry with TerraSAR-X. In Proceedings of 2010 IEEE International Geoscience and Remote Sensing Symposium (IGARSS). IEEE:2629-2632.

RöDELSPERGER S,2011. Real-time processing of ground based synthetic aperture radar (GB-SAR) measurements. Darmstade:Technical University of Darmstadt.

RöDELSPERGER S,LäUFER G,GERSTENECKER C,et al.,2010. Monitoring of displacements with ground-based microwave interferometry:IBIS-S and IBIS-L. Journal of Applied Geodesy,4(1): 41-54.

ROSEN P A, HENSLEY S, JOUGHIN I R, et al., 2000. Synthetic aperture radar interferometry. Proceedings of the IEEE,88(3):333-382.

ROSENQVIST A,SHIMADA M,SUZUKI S,et al.,2014. Operational performance of the ALOS global systematic acquisition strategy and observation plans for ALOS-2 PALSAR-2. Remote Sensing of Environment,155(4):3-12.

RUDOLF H,LEVA D,TARCHI D,et al.,1999. A mobile and versatile SAR system. IEEE International Geoscience and Remote Sensing Symposium,1:592-594.

SHARMA P,JONES C E,DUDAS J,et al.,2016. Monitoring of subsidence with UAVSAR on Sherman Island in California's Sacramento-San Joaquin Delta. Remote Sensing of Environment,181:218-236.

SHIMADA M,ITON T,MOTOOKA T,et al.,2014. New global forest/non-forest maps from ALOS Palsar data (2007-2010). Remote Sensing of Environment,155:13-31.

SRTOZZI T,FANINA P,CORSINI A,et al.,2005. Survey and monitoring of landslide displacements by means of L-band satellite SAR interferometry. Landslides,2(3):193-201.

SUZUKI S,KANKAKU Y,OSAWA Y,2011. Development Status of PALSAR-2 onboard ALOS-2,SPIE Remote sensing. International Society for Optics and Photonics:81760-81768.

TARCHI D,RUDOLF H,PIERACCINI M,et al.,2000. Remote monitoring of buildings using a ground-based SAR:Application to cultural heritage survey. International Journal of Remote Sensing,21(18): 3545-3551.

TARCHI D, CASAGLI N, FANTI R, et al., 2003. Landslide monitoring by using ground-based SAR interferometry:An example of application to the Tessina landslide in Italy. Engineering Geology,68 (1-2):15-30.

TORRES R,SNOEIJ P,GEUDTNER D,et al.,2012. GMES Sentinel-1 mission. Remote Sensing of Environment,120(6):9-24.

WERNER C,STROZZI T,WIESMANN A,et al.,2008. GAMMA's portable radar interferometer. Proc. 13th FIG Symp. Deform. Meas. Anal:1-10.

ZEBKER H A,ROSEN P,1994. On the derivation of coseismic displacement fields using differential radar interferometry:The Landers earthquake,Geoscience and Remote Sensing Symposium. IGARSS '94// Surface and Atmospheric Remote Sensing:Technologies,Data Analysis and Interpretation. International,281:286-288.

第 **3** 章

基于差分干涉方法的
滑坡形变信息提取

　　差分干涉测量是最早应用于滑坡形变监测的 InSAR 技术。随着 InSAR 技术的不断发展,由差分干涉测量技术发展而来的时序差分干涉方法逐渐成为滑坡形变监测应用中的主流方法。本章以湖北省巴东地区和青海省黄河上游地区为例,论述差分干涉测量技术在滑坡形变信息提取中的应用方法,并对不同轨道、不同波段的 SAR 数据获取的监测结果进行比较和分析。利用滑坡多发区域的水文数据,初步分析滑坡体缓慢形变与触发因子之间的关联性。

3.1 研究区域概述

3.1.1 巴东地区概况

现在的巴东县城位于长江三峡大坝上游66 km处,是一个移民迁建城市。由于葛洲坝水利工程的修建,原来的巴东旧县城被上升的水位淹没,因此决定对巴东旧县城进行搬迁(Deng et al.,2000)。1982年,旧城西侧黄土坡滑坡所在的位置(图3.1(a)中L2)被选中为巴东新县城的所在地(Deng et al.,2000)。然而,原地质矿产部在对巴东县城新地址地质环境进行调研之后,首次认定黄土坡为滑坡(邓清禄 等,2002)。随后展开了一系列的调查研究,确认黄土坡为大型岩质滑坡(邓清禄 等,2000)。黄土坡滑坡对巴东人民的生命和财产安全造成了巨大威胁,因此巴东新县城再次迁址。1992年,巴东新县城定址于图3.1(a)中L1所示位置,后被确定为另一个大型滑坡——赵树岭滑坡(陶宏亮 等,2008)。因此1996年不得不重新搬迁,最终定址西壤坡。随着巴东地区的历史沿革,由地质部门认定的黄土坡滑坡和赵树岭滑坡成为三峡库区滑坡研究的热点。

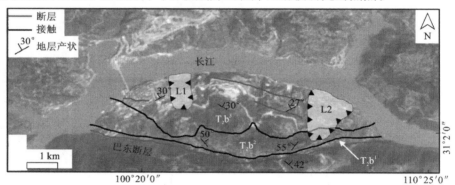

(a) 巴东地区赵树岭滑坡(L1)和黄土坡滑坡(L2)

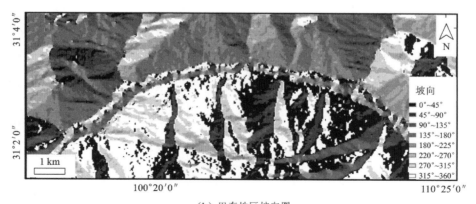

(b) 巴东地区坡向图

图3.1 巴东地区滑坡分布和地形特征

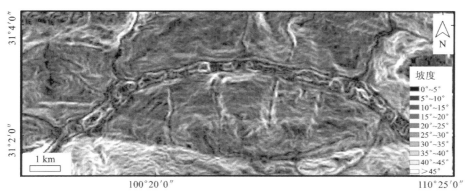

（c）巴东地区坡度图

图 3.1　巴东地区滑坡分布和地形特征（续）

85％的不稳定滑坡是由三叠系或侏罗系地层发育（Cojean et al.，2011）。巴东县城主要建设在巴东组地层之上，属于中三叠统地层（$T_2 b$）。其中巴东组包括五个段，分别称为巴东组第一段至第五段，用 $T_2 b^1$—$T_2 b^5$ 表示（Liu et al.，2013），各个组的组成成分见表 3.1。巴东组的主要构成岩石是软岩，比较容易受侵蚀。

表 3.1　巴东地区巴东组主要成分（李华亮 等，2006）

段	成分
$T_2 b^1$	整体呈现灰色-深灰色，页岩夹白云岩、灰岩、泥灰岩的岩层组合
$T_2 b^2$	多为红色碎屑岩系
$T_2 b^3$	整体呈现浅灰色-深灰色，岩石类型以碳酸盐岩为主
$T_2 b^4$	在巴东和秭归地区，红色碎屑岩类岩层占绝大多数
$T_2 b^5$	在巴东岩性表现为上部黏土岩和下部泥质灰岩结合

在巴东所有的滑坡中，分布在居民地旁边的黄土坡滑坡和赵树岭滑坡是最受关注的两处滑坡。黄土坡滑坡是一个扇形不稳定斜坡，主要由 $T_2 b^2$ 和 $T_2 b^3$ 组成。1995 年，黄土坡滑坡由于人为原因及降雨等自然原因，两处部分坡体出现失稳现象（李华亮 等，2006；Deng et al.，2000）。赵树岭滑坡主要由 $T_2 b^3$ 组成。根据相关研究，巴东组的第一段、第三段和第五段是典型的滑坡易发地层（李华亮 等，2006）。巴东地区属于亚热带季风气候，雨季雨量充沛，主要集中在夏季。由于两个滑坡都分布于长江边上，长江水位的涨落会将坡体浸泡在水中，软弱带抗剪强度在长期浸泡后会下降。

3.1.2　黄河上游地区概况

青海省黄河上游干流龙羊峡至刘家峡是滑坡等地质灾害多发地区。在该地段特殊的地质构造和演化历史中，青藏高原的强烈隆升和黄土高原的相对隆升造成了黄河水流下切，是该地段多发滑坡灾害的主要原因（李小林 等，2011）。

贵德盆地位于青海省东北部,是黄河上游重要的新生代断陷盆地之一,黄河干流由西向东从盆地穿过(潘保田,1994)。该盆地东西向位于龙羊峡至寺沟峡河段,南北向地处拉脊山与扎马日硬山之间(图3.2)。根据黄河上游干流的滑坡分布研究表明,该河段是滑坡多发地区。其中,贵德盆地发育的滑坡集中在右岸,最大滑坡超过10亿m³(李小林等,2011)。根据武汉大学973计划项目"西部山区大型滑坡致灾因子识别、前兆信息获取与预警方法研究"课题组赴贵德县实地调研情况显示,实验区内地质构造稳定性较差,崩塌和下陷屡见不鲜(图3.3)。

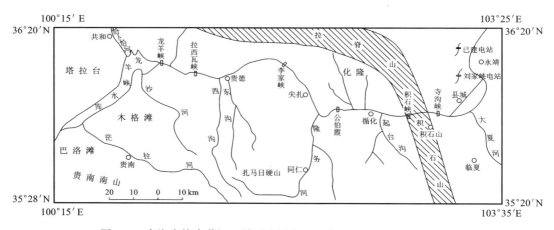

图3.2 青海省境内黄河上游干流沿岸地理位置图(李小林 等,2011)

(a)拉西瓦峡谷及周边地貌　　　　　　　(b)局部地质构造形貌

图3.3 实验区实地调研情况

根据青海省海南藏族自治州国土资源局在2015年8月发布的"海南藏族自治州地质灾害防灾预案",贵德县列于重点防灾的五县之一。突发性地质灾害类型包括泥石流、滑坡、崩塌等,其中又以山体滑坡致灾的可能性最大(表3.2)。县辖范围内,拉西瓦镇是重要的防灾点。在贵德县,滑坡突发的诱发因素包括持续性强降水和不规范的工程活动等。潜在的山体滑坡和崩塌的危害对象主要包括农户、耕地、林地、农房、水渠、水电站、大坝和周边居民的生命和财产安全,而已有的滑坡监测局限于个别已知的滑坡体,以古滑坡体为主,对于潜在的滑坡体关注较少。因此,在该研究区域开展基于InSAR观测的滑坡监测与形变研究具有重要的理论和实际意义。

表 3.2　贵德县重大地质灾害危险点

地点	灾害类型
贵德县尕让乡阿什贡新村、俄加村、大漠村、二连村	泥石流
贵德县拉西瓦镇尼那村、罗汉堂村	泥石流
贵德县河西镇拉芨盖沟、温泉村	泥石流
贵德县尕让乡大滩村、亦扎石、俄加村	山体滑坡
贵德县河东王屯村	山体滑坡
贵德县拉西瓦镇叶后浪、曲乃海村	山体滑坡
贵德县新街乡尕么堂、老虎口、上卡、陆切、麻吾村	山体滑坡
贵德县常牧镇加卜查村西山坡、苟后扎村	山体滑坡
贵德县拉西瓦水电站	崩塌及泥石流

3.2　复杂山区 InSAR 相干性分析

3.2.1　巴东地区差分干涉结果分析

在巴东地区,利用 ALOS PALSAR 和 ENVISAT ASAR 共 12 景影像进行差分干涉实验。将其分别组合为长时间跨度和短时间跨度的干涉对,并对差分干涉结果进行对比。表 3.3 给出了进行相干分析的干涉对组合信息。从图 3.4 中结果可以看出,对于同一传感器获取的具有相同主影像的两个干涉对而言,短时间跨度的干涉对保有更高的相干性。相比之下,长时间跨度的干涉对相干性较低。

表 3.3　差分干涉对信息

干涉对	传感器	飞行方向	日期(年/月/日)		垂直基线/m	时间基线/天
			主影像	从影像		
a	ALOS PALSAR	升轨	2007/12/30	2010/2/19	156	782
b			2007/12/30	2011/2/22	1 868	1 150
c	ENVISAT ASAR	升轨	2009/5/16	2009/11/7	47	175
d			2009/5/16	2009/7/1	−795	−1 050
e		降轨	2009/5/17	2009/7/26	−97	70
f			2009/5/17	2009/11/8	270	175

图 3.5 给出了差分干涉图。根据条纹的密度变化可以粗略地判断滑坡发生的具体位置。从图中不难发现,三组短时间间隔的差分干涉对形成的干涉图可以提取到黄土坡滑坡发生的位置。与之相比,在其他三个长时间间隔差分干涉对中,很难根据干涉条纹判断黄土坡滑坡的具体位置。

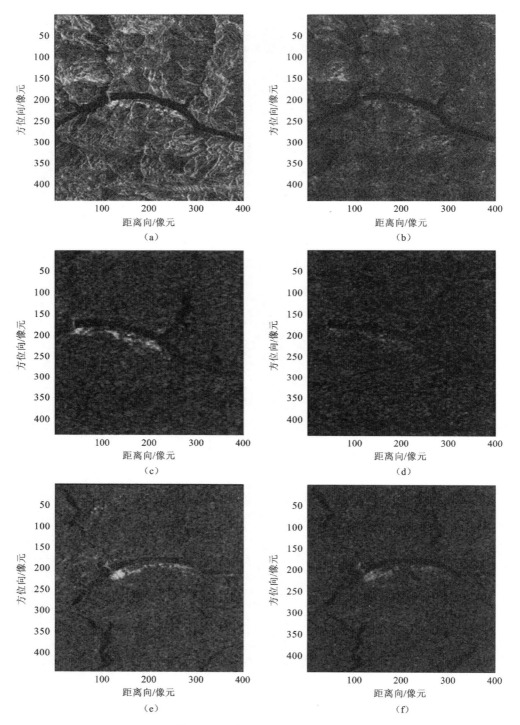

图 3.4　巴东地区 InSAR 相干图

从上到下、从左到右依次对应于表 3.3 中干涉对 a 至 f

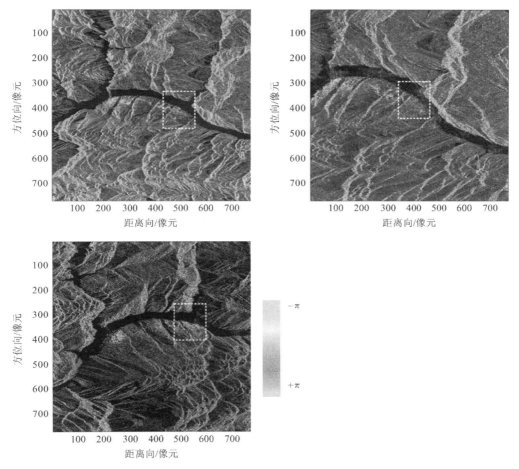

图 3.5　巴东地区 InSAR 差分干涉图

　　尽管在实验中得到了黄土坡滑坡位置及形变信息,但是滑坡的形变属于小范围内的缓慢形变,两景数据的差分结果得到的信息非常有限。从实验结果可以看出,即使是相干性较高的干涉对,差分干涉结果仍然不是十分理想。两景数据的获取时间间隔、基线大小等对数据的结果都会造成很大的影响。滑坡所处的三峡地区受到强烈的时间去相关影响,此外,外部 DEM 的精度和时效限制也是造成误差和解译困难的主要原因。因此,对巴东县内滑坡的形变监测需要进一步的深入研究。

3.2.2　黄河上游地区差分干涉结果分析

　　相干性是干涉图质量的重要量度。相干影像的质量是传感器干涉性能的主要评价指标。因此,本节开展了相干影像的质量评价分析,通过对比 ALOS 和 ALOS-2 在青海省黄河上游地区获取的影像的相干性差异,分析二者应用于滑坡形变监测的潜能。差分干涉影像对信息见表 3.4。

表 3.4　差分干涉影像对信息

参数	PALSAR-2 影像对		PALSAR 影像对	
Path/Row 编号	147/710	147/710	478/710	478/710
获取日期	2014/10/10	2014/12/19	2009/12/31	2009/9/30
数据产品类型	FBD	FBD	FBS	FBD
成像视角/(°)	32.5	32.5	34.3	34.3
垂直基线/m	183.563		619.368	
观测模式	Stripmap(分辨率 10 m)		Stripmap(分辨率 10 m)	

图 3.6 为差分干涉处理过程中得到的相干系数图。两代传感器条带模式下获取的 10 m 分辨率的影像幅宽均为 70 km,但是从图中可以看到,经过地理编码后,ALOS-2 PALSAR-2 在纬线方向上幅宽较小,这是由于用于差分干涉测量的两幅 PALSAR-2 影像不是同一框幅。在 ALOS-2 PALSAR-2 影像覆盖范围内,左上角黑色水体为龙羊峡水库,水库出口段连接黄河上游干流,从贵德盆地中间穿过。从相干图可以看出,PALSAR-2 相干图的纹理更加清晰,相干性明显优于 PALSAR 相干图。造成两幅相干图相干性差异的原因有以下两个方面:①两组干涉对获取时刻的入射角不同,成像几何存在差异;②从差分干涉影像对的信息表(表 3.4)可以看出,两组干涉对的空间基线存在较大的差异。空间基线引起的几何失相干也是造成相干性差异的重要原因。

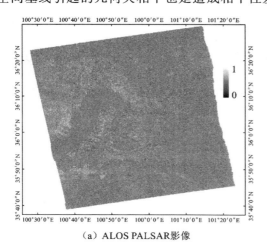

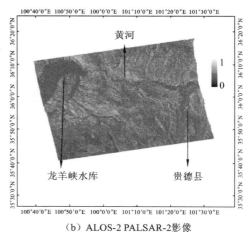

（a）ALOS PALSAR影像　　　　　　　（b）ALOS-2 PALSAR-2影像

图 3.6　L 波段 SAR 传感器相干图

当地形坡度的变化很大时,相干性的损失是不可避免的。贵德盆地经历了特殊的地质构造演化历史,盆地内沟壑纵横,山川相间。该地区高程在 2 100～4 700 m 的范围内剧烈波动。因此,在分析相干性时,应考虑地形坡度的影响。根据外部数字高程模型计算出的地形坡度,对两幅相干图分级,并分级计算相干系数。从计算结果(表 3.5)可以看出,新一代 L 波段传感器在 30°以下的区域保持很高的相干性。相比而言,PALSAR 对于地形坡度的敏感性较差,相干系数总体低于 0.6。

表 3.5　各地形坡度分级相干性

坡度	级数	PALSAR-2 相干系数	PALSAR 相干系数
0°～10°	1	0.783 3	0.598 4
10°～20°	2	0.750 0	0.579 6
20°～30°	3	0.734 1	0.573 5
30°～40°	4	0.590 1	0.553 7
40°～50°	5	0.525 1	0.531 6
50°～60°	6	0.526 1	0.524 6
60°～65°	7	0.498 4	0.504 7

　　地面目标的散射特性随时间的变化是影响相干性的主要因素之一。考虑到地面目标各自的散射特性，分类对比不同地物在两幅相干影像中的相干性差异。采用覆盖贵德盆地的光学影像进行监督分类，辅助相干性的对比分析。图 3.7 为实验区的不同地面目标监督分类结果。表 3.6 为各类覆盖地物的相干性计算结果。从实验结果可以发现，两代 L 波段传感器获取的影像相干性存在一定的差异。PALSAR-2 在沙地和水体两类保持了较低的相干性，这两类的微波散射特性均随时间变化较大。在贵德县城区，两幅相干图的相干性差异不大。在有植被和农田覆盖的地区，PALSAR-2 保持了较高的相干性。

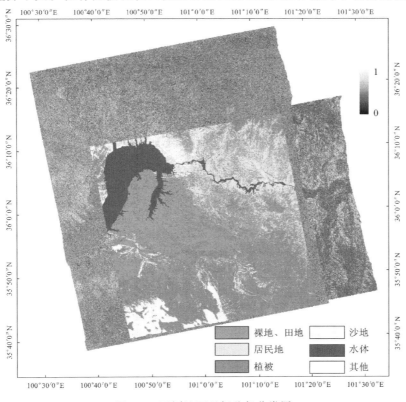

图 3.7　不同地面目标监督分类图

表 3.6　各地物覆盖类型相干性计算结果

地物覆盖类型	PALSAR-2 相干系数	PALSAR 相干系数
居民地	0.419 7	0.415 0
沙地	0.480 2	0.491 5
水体	0.265 2	0.283 1
植被	0.486 0	0.466 5
裸地、田地	0.509 3	0.457 5

　　空间/几何失相干是雷达干涉测量的失相干源的一种。在重复轨道干涉测量中,传感器成像几何的差异(如入射角的差异、空间基线的差异)是造成空间/几何失相干的主要原因。从表 3.4 可以看出,两组差分干涉对的空间基线存在近 430 m 的差异。基于相干分解的方法对两幅相干图进行空间基线差异的补偿,有利于分析和比较相干影像的质量(Wang et al.,2010;Zebker et al.,1992)。图 3.8 为空间基线差异补偿后的相干图。从该结果可以看出,与原始相干图相比,补偿了几何失相干的相干图质量有明显的改善。通过绘制 PALSAR-2 空间基线补偿前后的相干性分布(图 3.9),也定量验证了影像质量改善的效果。

（a）ALOS-2 PALSAR-2影像　　　　　　　　（b）ALOS PALSAR影像

图 3.8　空间基线差异补偿后的相干图

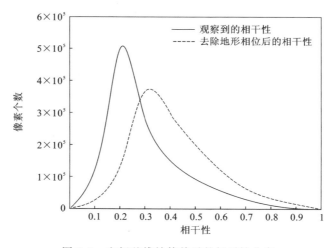

图 3.9　空间基线补偿前后的相干性分布

3.3　基于时序差分干涉的已知滑坡形变监测

本节主要利用 ENVISAT ASAR 数据集和 ALOS PALSAR 数据集对三峡巴东的黄土坡滑坡和赵树岭滑坡进行形变监测。由于不同数据集在获取时采用了不同的观测几何，观测量并不能直接进行对比。而滑坡的形变一般是沿着坡度向，因此本节根据几何关系将视线向形变投影到坡度向，并对 L 波段和 C 波段数据的监测能力进行对比分析。

本节收集了两个升轨的 ALOS PALSAR 数据集和一个降轨的 ENVISAT ASAR 数据集开展实验，三个数据集的基本参数见表 3.7，时空基线分布如图 3.10 所示。收集到 2006 年 12 月至 2011 年 3 月获取的 ALOS PALSAR 轨道 462 数据 21 景，ALOS PALSAR 轨道 463 数据 22 景，两个数据集采用了相似的观测几何。所有的 ALOS PALSAR 数据都是零级，将双极化数据过采样到单极化数据的像素间距以便于交叉模式数据之间进行干涉。同时收集到 2007 年 1 月至 2010 年 8 月获取的 29 景 C 波段 ENVISAT ASAR 数据。在实验中，采用了 JAXA 发布的 30 m 分辨率的 GDEM 数据进行差分干涉测量、计算坡度坡向及最终的地理编码。

表 3.7　ALOS PALSAR 数据集和 ENVISAT ASAR 数据集基本参数

参数	ALOS PALSAR		ENVISAT ASAR
轨道	462	463	75
升降轨	升轨	升轨	降轨
视角/(°)	33.4	35.9	22
飞行方向/(°)	−12.7	−12.7	−166.7
方位向/距离向间隔/m	3.3/4.7	3.3/4.7	4.0/7.8

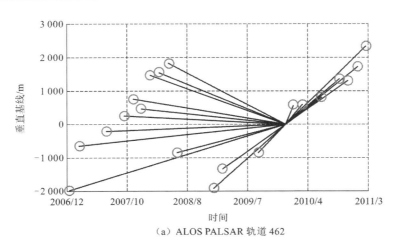

（a）ALOS PALSAR 轨道 462

图 3.10　三个数据集时空基线分布

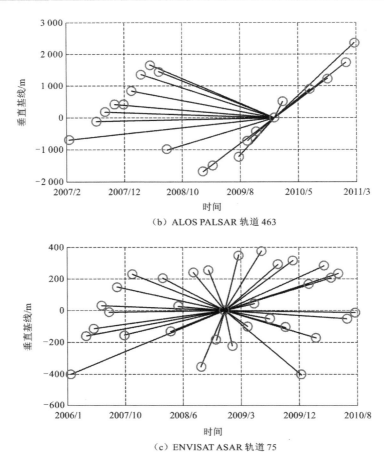

（b）ALOS PALSAR 轨道 463

（c）ENVISAT ASAR 轨道 75

图 3.10　三个数据集时空基线分布（续）

　　图 3.11 给出了利用三个数据集提取到的视线向形变，可以看到 C 波段数据由于受到去相干的影响，识别出的点目标主要集中分布在人工建筑物上。相比于 C 波段的数据，L 波段受去相干的影响较小，特别是在长江北侧识别出了更多的点目标。由于两个 ALOS PALSAR 数据集的观测几何非常相似，两个数据集识别出的点目标的分布以及提取的形变场非常相似（图 3.11（a）和（b））。两个 ALOS PALSAR 数据集在黄土坡滑坡上可识别到最大达 20 mm/a 的形变。

　　图 3.11（c）给出了 ENVISAT ASAR 数据集提取到的视线向平均形变速率图，结果显示黄土坡滑坡和赵树岭滑坡都处在不稳定状态，提取到的形变速率与之前的研究结果吻合（Liu et al.，2013；Perissin et al.，2012）。赵树岭滑坡的形变速率达到了 10～15 mm/a，但是两个 ALOS PALSAR 数据集都没有观测到。原因可能是 InSAR 技术只对视线向形变敏感，而对沿方位向的形变不敏感（Tantianuparp et al.，2013）。

　　三个数据集都观测到了黄土坡滑坡的形变，但是相比而言，ENVISAT ASAR 数据集提取到的形变值小于其他两个数据集的结果。为了弄清这个差距是由三个数据集之间观测几何的区别造成的还是由 ENVISAT ASAR 数据低估了形变速率造成的，把视线向形

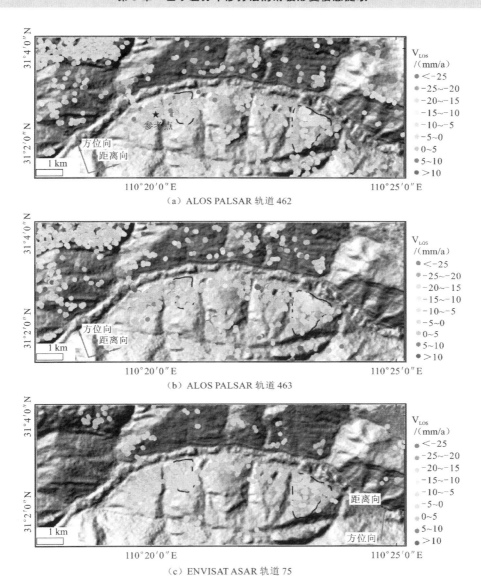

（a）ALOS PALSAR 轨道 462

（b）ALOS PALSAR 轨道 463

（c）ENVISAT ASAR 轨道 75

图 3.11　三个数据集提取到的视线向平均形变速率

变转换到坡度向进行进一步探究。

　　值得注意的是,只有在滑坡是平移式滑坡的情况下,才能将视线向形变投影到坡度向形变(Cascini et al.,2010)。Chai 等(2013)的研究表明黄土坡滑坡和赵树岭滑坡都是深层平移式滑坡,因此可以将获取的视线向形变转换到坡度向形变。在此过程中,一般要设置一个阈值来保证转换的可靠性,但是为了找到 ENVISAT ASAR 提取到的形变值较小的原因,在视线向和坡度向之间夹角余弦不等于零的情况下,不设置阈值直接进行转换。根据常识,在重力作用下滑坡形变通常都发生在下坡向,因此对于转换之后出现上坡运动的点目标直接去掉(Herrera et al.,2013)。

图 3.12 是三个数据集提取到的坡度向平均形变速率,里面形变较大的孤立点主要是由较小的夹角余弦值造成的。两个 ALOS PALSAR 数据集探测到的黄土坡滑坡的坡度向形变速率为 20～30 mm/a(图 3.12(a)和(b))。但是图 3.12(c)中 ENVISAT ASAR 数据探测到的黄土坡滑坡的坡度向形变速率大约在 10 mm/a。因此可以得出结论,ENVISAT ASAR 数据低估了形变速率。这种主要是由于去相干和相位不连续造成的低估现象,在 C 波段的 ENVISAT ASAR 数据中很常见(Ng et al.,2009)。点目标的密度较低和失相干引入的噪声容易造成相位解缠误差,进而导致低估现象。相反,ALOS PALSAR 数据由于空间分辨率高、波长较长,可以很好地克服这些问题。

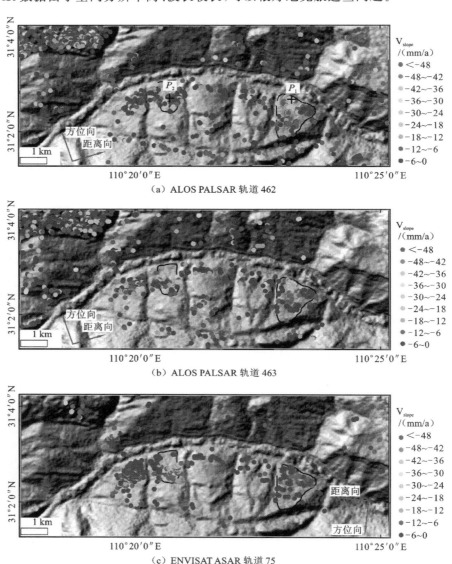

图 3.12 三个数据集提取到的坡度向平均形变速率

图 3.13 给出了黄土坡滑坡和赵树岭滑坡上点 P_1 和 P_2 的坡度向时间序列形变。在黄土坡滑坡上,两个 ALOS PALSAR 数据集获取到的时间序列形变基本一致。造成在时间序列上细微差异的主要原因可能是相位解缠误差。同时由于主影像日期以及两个时间序列数据获取的日期并不完全一样,因此,对应滑坡过程中不同的时间采样。P_1 点 4 年内的累积形变可以达到 100 mm,而 2007~2010 年,ENVISAT ASAR 数据的测量结果还不到 30 mm,明显低估了黄土坡滑坡的形变。

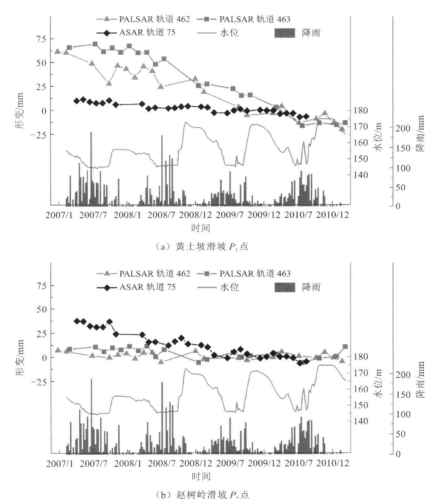

（a）黄土坡滑坡 P_1 点

（b）赵树岭滑坡 P_2 点

图 3.13　视线向时间序列形变

对于赵树岭滑坡而言,情况则完全不同。两个 ALOS PALSAR 数据集测得的 P_2 点的累积形变不超过 20 mm,说明整个时间序列上 ALOS PALSAR 并没有探测到赵树岭滑坡明显的形变,这主要与 PALSAR 数据集的观测几何有关。而 ENVISAT ASAR 数据探测到了 50 mm 的累积形变。水位的变化和降雨是三峡库区滑坡稳定性的主要影响因素,黄土坡滑坡和赵树岭滑坡也不例外(Hu et al.,2012)。

3.4　基于时序差分干涉的潜在滑坡识别与形变探测

　　青海省境内黄河上游地区是滑坡等地质灾害多发地区。本节分别利用 L 波段和 C 波段数据集,开展基于时间序列差分干涉方法在该地区隐蔽性滑坡识别与形变探测。收集到升轨观测获取的 L 波段 ALOS PALSAR 数据集共 21 景,时间跨度从 2006 年 12 月至 2011 年 1 月;降轨观测获取的 C 波段 ENVISAT ASAR 数据集共 8 景,时间跨度从 2003 年 5 月至 2005 年 8 月。

　　考虑到影像获取的时间跨度较大,采用小基线子集的方法进行时间序列处理和分析,共组合生成 40 个干涉对,时间基线和空间基线分布如图 3.14 所示。经过相位解缠并去除大气等误差后,得到估计的形变相位。解缠后的相位位于 −3.1～3.2 rad,解缠效果较好,并未发现明显的解缠漏洞。

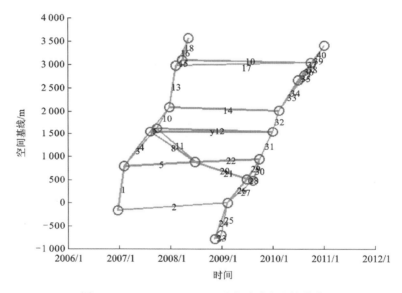

图 3.14　ALOS PALSAR 干涉对时空基线分布

　　在雷达干涉测量地质灾害监测应用中,提取到点目标的密度是时间序列 InSAR 处理和分析的关键。本实验共提取到 55 814 个点目标,平均密度为 172 个/km²,可以满足在山区开展滑坡监测的需求。贵德盆地植被覆盖稀疏,L 波段 SAR 由于其较长的波长,在实验区覆盖范围内为数不多的植被覆盖地区有更强的穿透能力,因此可以提取到高密度的量测点,在滑坡探测中显示出一定的优势和可观的潜能。

　　图 3.15 是雷达视线方向的年平均形变速率图。应用小基线子集方法成功探测到了黄河上游地区北岸的形变异常区域 A 和 B。最大形变速率超过 −25 mm/a。而拉西瓦水电站右岸坝前果卜段岸坡则未监测到形变。这是由于该影像数据集是升轨获取的,在影像中果卜段岸坡发生叠掩现象。

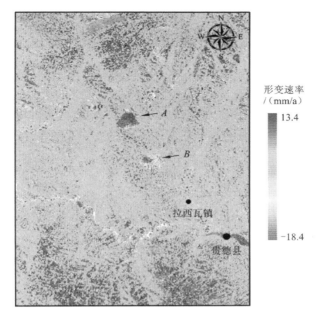

图 3.15 ALOS PALSAR 雷达视线方向年平均形变速率图

从图 3.16 可以看出,形变异常区域 A 和 B 分别位于贵德县拉西瓦镇。区域 A 的西北、东北方向及拉西瓦镇的镇辖范围内也分布着较小的形变区域。根据相关报道显示,拉西瓦镇是土质滑坡多发地区,在 2006～2007 年,曾发生两次山体滑坡。2006 年 6 月,青海省贵德县拉西瓦镇叶后浪村一社龙正沟右侧发生一起山体滑坡,滑坡发生于 6 月 9 日下午 5 时,至 6 月 10 日早晨 7 时结束。在接到报告后,贵德县国土资源局会同拉西瓦镇政府、贵德县水务局和防汛办有关人员于 6 月 10 日上午前往滑坡现场进行踏勘。踏勘及相关调查表明,此次滑坡未造成人员伤亡。此次滑坡体为土山,位于龙正沟,南北方向长约 800 m,东西方向宽约 300 m,面积约 360 亩。该滑坡体直接威胁叶后浪村农户的生命及财产安全,并波及 22 亩耕地、50 亩林地;造成 1 根通信光缆倾斜,1 根通信光缆倒伏,5 根 10 kV 电杆倾斜;1.2 km 灌溉水渠、1 km 村庄道路受阻。2007 年 8 月 27 日凌晨,青海省贵德县拉西瓦镇曲乃海村发生山体滑坡灾情,滑坡体造成的堰塞湖长 130 m、宽50 m、高约 40 m,严重威胁下游群众生命及财产安全。据相关统计,此次滑坡共毁坏耕地 7 亩,下游仍有近 30 亩的耕地和林地受到潜在的威胁。

将实验所获得的形变异常区域 A 和 B 的点状目标叠加在 Google Earth 上,全部量测点落在拉西瓦镇东北部的黄土坡体上。在图 3.17 中,用坡体 A 和坡体 B 代表两个形变区域,与图 3.15 中的区域 A 和区域 B 相对应。由于获取到了高密度的点状目标,可以清楚地分辨出形变速率较大的坡体的边界。根据黄土块体之间的褶皱,将坡体 A 和坡体 B 分别分为 4 个块体。坡体 A 分为块体 A_1、A_2、A_3 和 A_4,坡体 B 分为 B_1、B_2、B_3、B_4。

坡体 A 的中心经纬度为 101.137°E,36.162°N。在 4 个块体中,块体 A_2 和块体 A_3 显现出明显的下滑趋势,最大形变速率达到 -28.41 mm/a。块体 A_1 和块体 A_4 有抬升的

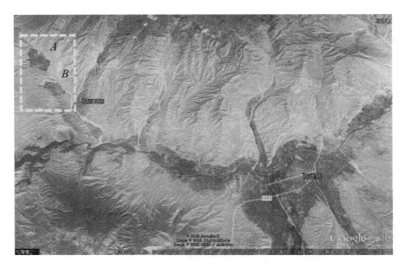

图 3.16　潜在黄土滑坡所在位置

趋势,这可能是受到块体 A_2 和块体 A_3 的挤压应力所造成的。坡体 B 的中心经纬度为 101.166°E,36.127°N,坡面下缘中心距拉西瓦镇 2.94 km。块体 B_2 形变速率较大,最大形变速率达到 -17.23 mm/a。与块体 B_2 相比,块体 B_1、B_3 和 B_4 则相对稳定。

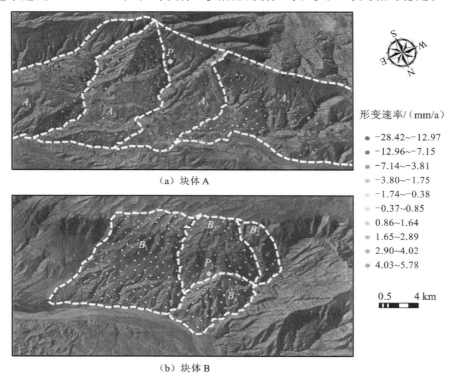

（a）块体 A

形变速率/(mm/a)

- −28.42~−12.97
- −12.96~−7.15
- −7.14~−3.81
- −3.80~−1.75
- −1.74~−0.38
- −0.37~0.85
- 0.86~1.64
- 1.65~2.89
- 2.90~4.02
- 4.03~5.78

0.5　4 km

（b）块体 B

图 3.17　潜在黄土滑坡体形变速率分布规律

　　该区域不是已知形变区域,还未有相关研究机构在两个坡体上布设量测点,也就是说,在利用 InSAR 技术开展滑坡探测的同时,没有地面验证数据可以验证 InSAR 结果的可靠性。因此,本书采用覆盖实验区的 8 景降轨 ENVISAT ASAR 数据开展时间序列 InSAR 分析,与 L 波段监测结果进行交叉验证。采用小基线子集的方法生成 21 对短空间基线和短时间基线的差分干涉对。小基线子集差分干涉对的时空基线分布如图 3.18 所示。

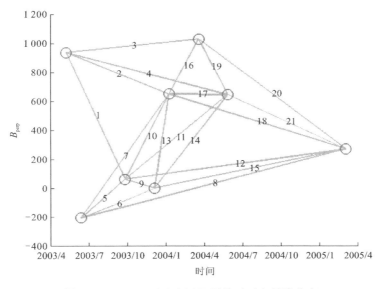

图 3.18　ENVISAT ASAR 干涉对时空基线分布

　　图 3.19 给出了 ENVISAT ASAR 雷达视线方向年平均形变速率图。本实验中裁取影像的覆盖范围为 866.942 km²。利用小基线子集的方法共提取到 23 843 个点状目标,平均密度约为 28 个/km²,大大低于 L 波段获取的点状目标的密度。在图 3.19 中,点状目标在黄河干流沿岸分布密集,以黄河干流为中心向南北方向深入山区,点状目标的密度逐渐减小。该趋势与实验区内人工地物分布的密度正向相关。从图 3.19 可以看出,C 波段传感器探测到了 L 波段传感器所探测到的形变异常区域(坡体 A)。基本可以初步证实坡体 A 在雷达影像获取时间区间内发生形变的事实。在形变速率的量级方面,C 波段与 L 波段监测结果差距不大。坡体 A 的最大形变量级在 −10~−30 mm/a,属于缓慢形变。对于 L 波段探测到的第二个形变异常区域 B 所在的区域,C 波段也提取到一系列形变速率小于 0 mm/a 的点状目标,但是由于量测点密度较低,很难分辨形变区域的边界,加之 C 波段数据集与 L 波段数据集时间跨度不同,因此无法判断和验证坡体 B 在雷达影像获取时间区间内发生形变的事实。

　　随着滑坡的灾害频发,针对滑坡的诱发因素和形成机理研究的不断深入。以土质滑坡为例,诱发因素主要包括地震、河流侵蚀、降水、灌溉,以及人工堆载和开挖等(张茂省等,2011)。根据青海省内滑坡诱发因素的相关研究表明,在众多诱发因素中,降水和人类的工程活动被判断为青海省内局部区域最积极的滑坡诱发因子(李芙林 等,2005)。

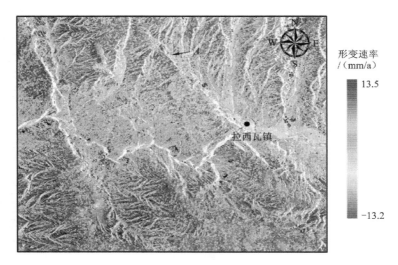

图 3.19　ENVISAT ASAR 雷达视线方向年平均形变速率图

　　在完成了基于 L 波段和 C 波段的实验区形变速率提取后,为了进一步研究潜在滑坡发生缓慢形变的原因,本章结合实验区的水文数据,进行形变异常区域的时间序列形变与诱发因素的关联性分析。

　　青海省省内降水分布差异较大,并且呈现出由东南方向向西北方向递减的趋势。海南藏族自治州年平均降水量虽少,但却集中在每年的 7～9 月,以暴雨为主。根据海南藏族自治州国土资源局 2015 年发布的"地质灾害防灾预案",自 2009 年开始,海南藏族自治州一年中出现强降雨的天数呈现大幅度上升的趋势,局部地区经历罕见的强暴雨,极易诱发崩塌、泥石流和滑坡等破坏性地质灾害。例如,雨季出现的暴雨造成同德县、贵南县大规模的滑坡及山体裂缝,致使公路、耕地、草场等基础设施大面积毁坏。

　　贵德盆地降水数据来自贵德气象站(气象站编号:52868)的累年(1981～2010 年)值月值数据集,由中国气象数据网公布。贵德气象站位于 35.58°N,101.43°E,海拔 2 238.1 m,距离坡体 A 的地面直线距离为 30.17 km,距离坡体 B 的地面直线距离为 26.06 km。表 3.8 给出了贵德气象站多年平均月降水量。从表 3.7 可以发现,每年的 6～9 月是贵德县降水频发的时间,平均月降水量大于 40mm。

表 3.8　多年平均月降水量

月序	1	2	3	4	5	6
多年平均月降水量/mm	0.4	0.3	2.1	13.5	34.4	42.1
月序	7	8	9	10	11	12
多年平均月降水量/mm	52.5	51.8	42.2	11.7	1.6	0.5

　　为了确定潜在滑坡的形变诱发因素,从 L 波段监测到的两个形变异常区域各选取一个稳定的点目标进行定量分析。选取坡体 A 上的点 P_1、坡体 B 上的点 P_2(P_1、P_2 分别位

于块体 A_3 和块体 B_2 上,位置如图 3.17 所示),分别提取两个点的雷达视线方向时间序列形变,绘制成折线图,如图 3.20 所示。从图 3.20 可以看出,两个点状目标在时间序列上的形变趋势基本保持一致。与点状目标 P_2 相比,坡体 A 上的点状目标 P_1 震荡的更为剧烈,形变量值较大。值得注意的是,4 年的时间跨度范围内,在每年的 6~9 月,两个点的形变均呈增大的趋势。这与贵德气象站的降水数据集吻合较好。因此初步判定,L 波段监测到的滑坡体形变异常区域的形变由贵德盆地的季节性降雨所诱发。

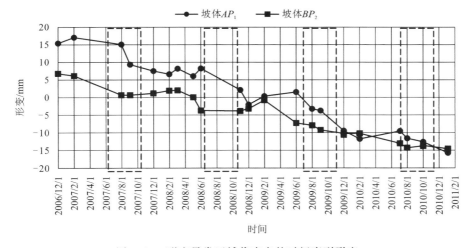

图 3.20　形变异常区域代表点的时间序列形变

降雨型滑坡是指由季节性暴雨触发的,与降雨同步发生或稍有滞后发生的滑坡。它的发生和发育与滑坡体所处的地质地貌和气候环境有密切的联系,具有随机性、季节性和地区性(王念秦,2004)。软弱土体具有大孔隙和吸水性的特点,在雨季,降雨在径流过程中会有一定程度的入渗,不仅会增加坡体的含水量,也会增加坡体的重量。一旦坡面不完整,坡面径流将通过裂缝和空洞迅速补给地下水,导致地下水位骤然升高,造成坡体失稳。

3.5　本 章 小 结

本章以巴东地区和黄河上游地区为例,研究了差分干涉方法在滑坡形变信息提取方面的应用。巴东地区案例研究表明,库水位和降水等水文因素仍然是诱发该地区黄土坡等软弱土质滑坡发生形变的主要原因。但是滑坡发育形成滑移的机理复杂,形变探测和预报仍需结合滑坡机理进行更深入的分析。黄河上游地区的实验结果表明,L 波段传感器在实验区获取的影像显示在山区进行滑坡监测的优势,探测到的两个形变异常区域初步认定为受季节性降雨影响。

参 考 文 献

邓清禄,王学平,2000.黄土坡滑坡的发育历史:坠覆-滑坡-改造.地球科学,25(1):44-50.

邓清禄,尹先中,黄盛华,等,2002.巴东新城区黄土坡滑坡的认识过程与现状.湖北地矿,16(4):15-18.

李芙林,陈忠宇,张志强,2005.青海滑坡初探.工程地质学报,13(3):300-304.

李华亮,易顺华,邓清禄,2006.三峡库区巴东组地层的发育特征及其空间变化规律.工程地质学报,14(5):577-581.

李小林,郭小花,李万花,2011.黄河上游龙羊峡—刘家峡河段巨型滑坡形成机理分析.工程地质学报,19(4):516-529.

潘保田,1994.贵德盆地地貌演化与黄河上游发育研究.干旱区地理(3):43-50.

陶宏亮,陈国金,陈松,等,2008.巴东赵树岭滑坡特征与稳定性评价.武汉工程大学学报,30(2):62-64.

王念秦,2004.黄土滑坡发育规律及其防治措施研究.成都:成都理工大学.

张茂省,李同录,2011.黄土滑坡诱发因素及其形成机理研究.工程地质学报,19(4):530-540.

CASCINI L,Fornaro G,PEDUTO D,2010. Advanced low-and full-resolution DInSAR map generation for slow-moving landslide analysis at different scales. Engineering Geology,112(1-4):29-42.

CHAI B, YIN K, DU J, et al.,2013. Correlation between incompetent beds and slope deformation at Badong town in the Three Gorges reservoir,China. Environmental Earth Sciences,69(1):209-223.

CIJEAN R,CAï Y J,2011. Analysis and modeling of slope stability in the Three-Gorges Dam reservoir (China)-The case of Huangtupo landslide. Journal of Mountain Science,8(2):166-175.

DENG Q L,ZHU Z Y,CUI Z Q,et al.,2000. Mass rock creep and landsliding on the Huangtupo slope in the reservoir area of the Three Gorges Project,Yangtze River,China. Engineering Geology,58(1):67-83.

HERRERA G,GUTIéRREZ F,GARCíA-DAVALILLO J,et al.,2013. Multi-sensor advanced DInSAR monitoring of very slow landslides:The Tena Valley case study (Central Spanish Pyrenees). Remote Sensing of Environment,128(1):31-43.

HU X,TANG H,LI C,et al.,2012. Stability of Huangtupo riverside slumping mass II♯ under water level fluctuation of Three Gorges Reservoir. Journal of Earth Science,23(3):326-334.

LIU P,LI Z,HOEY T,et al.,2013. Using advanced InSAR time series techniques to monitor landslide movements in Badong of the Three Gorges region,China. International Journal of Applied Earth Observation and Geoinformation,21(1):253-264.

NG A H M,CHANG H C,GE L,et al.,2009. Assessment of radar interferometry performance for ground subsidence monitoring due to underground mining. Earth,Planets and Space,61(6):733-745.

PERISSIN D,WANG T,2012. Repeat-pass SAR interferometry with partially coherent targets. IEEE Transactions on Geoscience and Remote Sensing,50(1):271-280.

TANTIANUPARP P,SHI X,ZHANG L,et al.,2013. Characterization of landslide deformations in three gorges area using multiple InSAR data stacks. Remote Sensing,5(6):2704-2719.

WANG T,LIAO M,PeERISSIN D,2010. InSAR coherence-decomposition analysis. IEEE Geoscience and Remote Sensing Letters,7(1):156-160.

ZEBKER H A,VILLASENOR J,1992. Decorrelation in interferometric radar echoes. IEEE Transactions on Geoscience and Remote Sensing,30(5):950-959.

第 4 章

多轨道 InSAR 数据大范围
滑坡形变探测

　　星载 SAR 具有不受天气条件限制的全天时全天候大范围观测能力,因此,InSAR 的应用不仅局限于单体滑坡的形变监测。广域范围坡体稳定性评估,并从中识别具有潜在威胁的隐蔽性滑坡体,对于地质灾害防治来说同样具有重要的意义。我国长江三峡地区一直饱受滑坡灾害困扰,因此,急需对三峡库区滑坡稳定性进行评估,识别潜在威胁。本章以三峡库区为例,采用三个相邻轨道获取的 ALOS PALSAR 数据集,对三峡库区秭归—奉节段坡体稳定性进行制图,探讨大范围滑坡形变探测的关键技术。

4.1 三峡库区概述

　　滑坡（包括山体崩塌）占三峡库区地质灾害总量的 80%，给长江航运及人民的生命财产带来了巨大安全隐患。三峡库区特别是长江沿岸的很多坡体都存在很高的失稳风险（Peng et al.，2014）。自从三峡大坝运行以来，三峡库区水位大幅上升，周边很多区域都被淹没，对滑坡的稳定性产生了巨大影响。另外三峡库区周期性的水位变化及季节性的降雨加剧了滑坡的破坏。因此，对三峡库区分布的活动滑坡进行制图与定位对于滑坡的预防预警及治理来说非常重要。

　　三峡库区是指长江上游地区因三峡工程的修建而被淹没的地区，包括重庆至湖北宜昌段（图 4.1）。三峡是长江上游三段峡谷——瞿塘峡、巫峡和西陵峡的总称，分布于重庆奉节到湖北宜昌区段。这个区域位于中国地形的第二和第三阶梯的交界处，大约 70% 都是山区。研究实验区主要覆盖三峡库区奉节至秭归段，最大海拔高程超过 2 000 m。

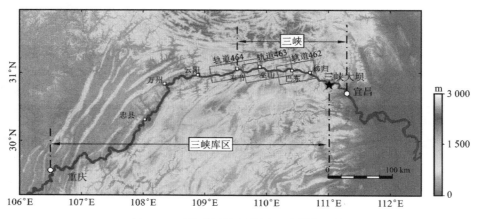

图 4.1　三峡库区地理位置以及研究区域

　　三峡大坝的建设于 2006 年完工，2009 年三峡库区的水位第一次上升到 175 m。根据三峡工程的运行方案，季节性的水位涨落主要包括三个阶段：10 月上旬至 11 月下旬，水位从 145 m 升至 175 m；从 1 月上旬至 4 月，水位会从 175 m 降至 156 m；从 5 月上旬到 6 月中旬，水位进一步降至 145 m（Cojean et al.，2011）。而在雨季，水位将稳定在 145 m（Cojean et al.，2011）。图 4.2 给出了 2006～2011 年三峡上游水位变化信息和奉节县降雨信息。

　　三峡地区发生过很多滑坡，比较有名的滑坡有 1985 年的新滩滑坡（Peng et al.，2014）和 2003 年的千将坪滑坡（Wang et al.，2008）等。滑坡的分布范围广，主要由岩性、地质构造及气候条件决定（Peng et al.，2014）。自 2003 年第一次蓄水以来，三峡的地质环境变得更脆弱，千将坪滑坡就是在 2003 年三峡第一次试验性蓄水之后失稳的（Wang et al.，2008）。三峡地区的气候为亚热带季风气候，夏季炎热多雨。从图 4.2 可以看到，降雨主要集中在夏季，奉节县的周降雨量累积超过 150 mm。

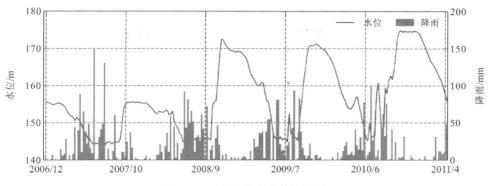

图 4.2　三峡上游水位及降雨量

政府部门耗费了大量的人力和物力来寻找有效的滑坡监测方法（Stone，2008）。在所有的滑坡形变监测技术中，雷达干涉测量是一种重要的技术手段。Xia 等（2004；2002）首先将差分干涉测量引入三峡地区，但是发现三峡地区茂密的植被使得去相干现象严重，限制了差分干涉测量的应用。时间序列 InSAR 方法如 PSI 和 SBAS，利用稳定的散射体可以一定程度上克服去相干和大气的干扰。因此学者也将这些方法引入三峡滑坡监测中。PSI、QPS 技术和小基线技术已在黄土坡滑坡和范家坪滑坡上取得成功的应用（Shi et al.，2014；Liu et al.，2013；Tantianuparp et al.，2013；Perissin et al.，2012）。但是研究发现 X 波段和 C 波段数据受到去相干影响严重，在植被覆盖密集的滑坡上即使利用时间序列 InSAR 方法也不能识别足够的点目标进行解算（Liao et al.，2012b）。

目前为止，在三峡地区，雷达干涉测量仅能成功应用于小范围的单体滑坡上，如黄土坡滑坡和范家坪滑坡。这主要由以下两个原因引起：①植被覆盖密集引起严重的去相干，雷达影像中只能识别出非常稀疏的点目标，最终导致测量结果不可靠；②在干涉图覆盖范围较大时，大气扰动的影响会降低形变的测量精度，不能简单地利用时空滤波来估计。但是，已知的滑坡一般采用传统的滑坡监测手段，如 GPS 和水准等，InSAR 覆盖范围大的特点完全不能发挥出来。利用雷达干涉测量技术来识别未知的活动滑坡对于风险管理和政府决策同样重要，同时也是本章的研究重点。此外，时间序列分析有助于识别影响滑坡稳定性的因素。

为了用雷达干涉测量技术实现大范围的滑坡形变制图，必须克服去相关和大气扰动的影响。为了减轻去相干的影响，相比于 C 波段和 X 波段雷达数据，波长较长的 ALOS PALSAR 数据是首选（Ng et al.，2009）。为了估计大气扰动的影响，采用由 Hooper 等开发的针对自然地形形变监测的 StaMPS 方法进行时间序列分析。在地形起伏较大的山区，对流层大气延迟相位主要分为垂直分层和湍流混合。垂直分层大气主要与地形起伏相关。湍流混合是由大气中的湍流过程引起，与地形不相关。通过将一个混合模型加入 StaMPS 中来提高大气的估计。本章主要研究利用多轨道数据进行大范围形变制图的算法，利用三个相邻轨道数据对三峡秭归—奉节段坡体稳定性进行制图，并分析滑坡形变模式及驱动因素。

4.2 实 验 数 据

收集到 2007～2011 年初的三个轨道(轨道 462、轨道 463 和轨道 464)(表 4.1～表 4.3)ALOS PALSAR 数据,相邻的轨道数据之间在覆盖范围上有重叠(图 4.1)。三个数据集都是升轨数据,都采用了 34°左右的视角。对双极化数据做过采样到单极化数据的像素间距以便于交叉模式数据之间进行干涉,采用 30 m 分辨率的 SRTM 生成差分干涉图和地理编码。将时间基线和空间基线阈值分别设置为 1 000 天和 1 000 m 来生成小基线差分干涉图集,最后利用轨道 462、轨道 463 和轨道 464 的雷达数据生成了 40 幅、37 幅和 36 幅干涉图(图 4.3)。

表 4.1　轨道 462 雷达数据基本信息

编号	获取时间	空间基线/m	时间基线/天
1	2007/2/11	−634.50	−1 058
2	2007/6/29	−204.70	−920
3	2007/9/29	257.30	−828
4	2007/11/14	752.30	−782
5	2007/12/30	460.10	−736
6	2008/2/14	1 463.9	−690
7	2008/3/31	1 534.8	−644
8	2008/5/16	1 823.9	−598
9	2008/7/1	−841.50	−552
10	2009/1/1	−1893.6	−368
11	2009/2/16	−1322.7	−322
12	2009/8/19	−844.50	−138
13	2009/10/4	−376.80	−92
14	2010/1/4	0	0
15	2010/2/19	564.80	46
16	2010/4/6	602.20	92
17	2010/7/7	802.70	184
18	2010/10/7	1346.6	276
19	2010/11/22	1308.8	322
20	2011/1/7	1705.8	368
21	2011/2/22	2307.2	414

表 4.2　轨道 463 雷达数据基本信息

编号	获取时间	空间基线/m	时间基线/天
1	2007/2/28	−1 094.3	−276
2	2007/7/16	−512	−138
3	2007/8/31	−215.20	−92
4	2007/10/16	68.9	−46
5	2007/12/1	0	0
6	2008/1/16	455.20	46
7	2008/3/2	977.4	92
8	2008/4/17	1 291.1	138
9	2008/6/2	1 096	184
10	2008/7/18	−1 399.9	230
11	2009/1/18	−2 127.9	414
12	2009/3/5	−1 918.9	460
13	2009/7/21	−1 636.8	598
14	2009/9/5	−1 128.8	644
15	2009/10/21	−845.2	690
16	2010/1/21	−404	782
17	2010/3/8	128	828
18	2010/7/24	513.7	966
19	2010/10/24	859.8	1 058
20	2011/1/24	1 355.1	1 150
21	2011/311	2 008.6	1 196

表 4.3　轨道 464 雷达数据基本信息

编号	获取时间	空间基线/m	时间基线/天
1	2007/1/30	−920.4	−1 058
2	2007/8/2	417.9	−874
3	2007/9/17	268.2	−828
4	2007/12/18	767.9	−736
5	2008/2/2	1 369.4	−690
6	2008/5/4	1 904.4	−598
7	2008/6/19	−71.50	−552
8	2008/12/20	−1 970.3	−368
9	2009/2/4	−1 420.8	−322
10	2009/6/22	−744.1	−184
11	2009/8/7	−1 086.4	−138
12	2009/9/22	−533	−92

编号	获取时间	空间基线/m	时间基线/天
13	2009/12/23	0	0
14	2010/2/7	492.8	46
15	2010/5/10	809	138
16	2010/6/25	796.5	184
17	2010/9/25	1 651.5	276
18	2010/11/10	923	322
19	2010/12/26	1 676.7	368
20	2011/2/10	2 286.7	414

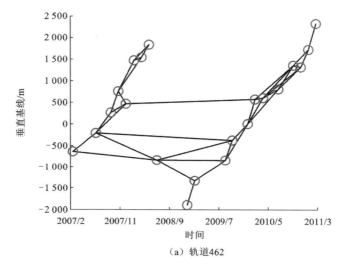

（a）轨道462

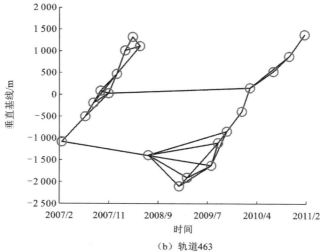

（b）轨道463

图 4.3　小基线数据集干涉对

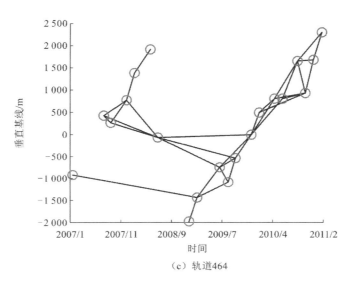

（c）轨道464

图 4.3　小基线数据集干涉对（续）

4.3　大范围 InSAR 形变监测方法

4.3.1　小基线集 InSAR 方法

小基线集方法主要利用了短时间和空间基线的干涉图来使相干性达到最大（Berardino et al.，2002）。由于时间基线较短，小基线数据集方法可以探测到部分短时间内保持较高相干性的分布式目标，因此小基线数据集方法经常被用来监测非城市地区的形变监测（Sun et al.，2015；Zhang et al.，2015；Wasowski et al.，2014；Liu et al.，2013）。与原始的 SBAS 算法相比，StaMPS SBAS 算法不允许出现分离的数据集。首先使用时间基线和空间基线作为阈值生成小基线数据集，用基线稍长的干涉图把分开的数据集连接起来以保证时间上的连续性。

StaMPS SBAS 算法中首先利用幅度信息计算振幅离差剔除稳定性差的像素（Hooper，2008）。在非城市地区中，人工地物较少。StaMPS SBAS 算法充分利用了自然场景中短时间内保持较高相干性的分布式散射体，并根据分布式目标相位特性排除不可靠点。首先将空间相关相位和空间不相关视角误差从缠绕相位中估算出来。其中空间相关的相位包括轨道误差、高程误差和形变等，可以用时间域带通滤波进行估计。空间不相关的视角误差是空间不相关的高程误差，可以利用高程误差和基线之间的相关性估计出来。从缠绕的干涉图相位上移除视角误差之后，就可以得到残差，而最终可以通过残差估计一个像素相位的稳定性 γ：

$$\gamma = \frac{1}{N}\left| \sum_{i=1}^{N} \exp\{j(\phi - \Delta\hat{\psi}^u - \Delta\tilde{\psi}^u)\} \right| \tag{4.1}$$

式中: N 为干涉图数; $\tilde{\psi}^u$ 和 $\Delta\tilde{\psi}^u$ 分别为空间相关的相位和空间不相关部分。在利用 γ 选中了最终的点目标之后,就可以对这些点目标进行三维相位解缠(Hooper et al.,2007)。每个点目标上的解缠相位可以表示为

$$\varphi = \varphi_d + \varphi_T + \varphi_a + \varphi_o + \varphi_n \qquad (4.2)$$

式中: φ 为解缠相位; φ_d、φ_T、φ_a、φ_o 和 φ_n 分别为由形变、高程误差、大气扰动、轨道误差及噪声引起的相位变化。可以根据每个组成成分的不同特性对其进行估计,并最终得到需要的结果。

由轨道误差引起的相位趋势是空间相关的。在估计其他相位组成成分之前,必须首先移除差分相位中的轨道趋势。干涉图中由于星历信息不准确引起的轨道相位趋势可以通过一个双线性或者二次多项式进行拟合改正(Sun et al.,2015)。一般情况下,ALOS PALSAR 数据由于基线较长,容易受到轨道误差影响。在大多数情况下,二次多项式就可以改正干涉图中的轨道趋势(Zhang et al.,2014)。因此在实验中用一个二次多项式来拟合并移除轨道趋势。

$$\varphi_o = a_0 + a_1 \cdot x + a_2 \cdot y + a_3 \cdot xy + a_4 \cdot x^2 + a_5 \cdot y^2 \qquad (4.3)$$

式中: a_i ($i=0,1,\cdots,5$)为估计轨道趋势的二次多项式参数; x 和 y 分别为方位向和距离向行列号。通常情况下,如果形变分布范围较大(如地震等)的时候,形变信息有可能会混入轨道误差中。这种情况下,可以先把形变区域掩膜,用稳定区域进行轨道误差拟合。

由于只获取到 2000 年取得的 30 m 分辨率 SRTM DEM 去除地形误差,地形的变化导致高程误差不可忽略。可以利用基线和地形误差之间的线性关系估计高程误差:

$$\varphi_T = \frac{4\pi}{\lambda} \frac{B}{R\sin\theta} \Delta h \qquad (4.4)$$

式中: B、Δh、λ、R 和 θ 分别为垂直基线、高程误差、波长、斜距和入射角。因此,地形误差可以利用所有干涉图中的差分相位通过最小二乘法得到。

之前的研究表明,在地形起伏较大的地区,大气一般可以分为垂直分层大气和湍流层大气。垂直分层大气引起的大气延迟与高程之间存在线性关系:

$$\varphi_a = \varphi_s + \varphi_{a\_r} \qquad (4.5)$$

$$\varphi_s = b \cdot h \qquad (4.6)$$

式中: φ_s 和 φ_{a_r} 分别为由大气垂直分层引起的大气延迟及残余大气相位; h 为高程; b 为垂直分层大气延迟与高程之间的线性关系。在 StaMPS SBAS 算法中引入了高程相关线性模型与滤波相结合的模型来提高大气相位估计的准确性。高程相关的垂直分层大气延迟用最小二乘法估计,而残余大气相位通过时间维高通滤波和空间维低通滤波进行估计。最后,时间序列形变可以通过最小奇异值分解方法获得(Hooper,2008;Berardino et al.,2002)。

为了保证式(4.2)中每一项估计的准确性,采用了循环的方法来优化结果。一般来说,垂直基线较长的干涉图容易受到解缠误差的影响。可以在解缠之前去除由式(4.4)估计得到的高程误差所引起的相位,并进行重新解缠来提高解缠结果。之后对式(4.2)中的每一项进行重新估计,这个过程可以一直重复,直到每一项的变化小于设定的阈值。

4.3.2　多轨道形变量测结果拼接

在用上面的流程分别得到每个数据集测得的平均形变速率图之后,将进一步把结果结合成一个形变速率图。通常情况下,得到的平均形变速率图都是相对一个事先选定的稳定点或者稳定区域计算得出的(Ng et al.,2015;Berardino et al.,2002)。在实验中,轨道间采用了不同的参考点。由于没有拿到任何的实测数据,本章实验中选择了巴东县政府和奉节县政府所在地作为参考区域。轨道 462 和轨道 463 在巴东地区有重合,因此都采用了巴东县政府作为参考点。轨道 464 单独采用奉节县政府所在区域作为参考点。集成时,轨道 462 和轨道 464 利用与轨道 463 的重叠部分校准改正到轨道 463 的参考基准下,主要根据轨道间重合部分的同名点之间的偏差对结果进行改正(Ng et al.,2015)。

值得注意的是,也可以将获取到的视线向形变投影到坡度向进行集成。但是因为以下两个原因并没有转到坡度向:①在坡体是平动性滑坡的情况下,可以根据地貌和数字高程模型将视线向转到坡度向(Cascini et al.,2010),但是目前不能保证所有活动坡体都是平动性滑坡;②长江沿岸多是南北朝向的坡体,而雷达视线向对南北向形变不敏感,因此投影到坡度向将会影响结果的精度。

4.4　实验结果分析

4.4.1　平均形变速率

图 4.4 给出了三峡奉节—秭归段视线向平均形变速率图。三个轨道数据集共提取到17 775 238 个点目标,覆盖了大约 4 800 km^2 的范围。96% 的点状目标的形变速率分布在−10~10 mm/a,说明整体稳定性较好。在研究区域内发现了 30 个活动性滑坡,覆盖范围大约 48 km^2。

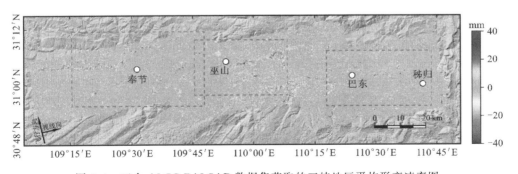

图 4.4　三个 ALOS PALSAR 数据集获取的三峡地区平均形变速率图

奉节滑坡的发育与向斜结构的朝向有很大的关系。奉节滑坡主要分布在上陡下缓的位于地形过渡区域的地层(Qiao et al.,2009)。奉节作为著名的喀斯特地貌景观分布地区,奉节西侧主要为侏罗纪红土层,东侧主要为三叠纪碳酸盐岩层(Liu et al.,2009)。实验中,发现一半的活动性滑坡都集中在奉节地区(图 4.5)。其中具有正值的点目标主要位于面向西侧的坡体,表明这些滑坡正在沿着坡向移动。根据之前的研究,奉节段长江沿岸分布了大量的滑坡(Qiao et al.,2009)。研究结果显示长江沿岸只有 6 处坡体处于不稳定状态,其余大部分地区处于稳定状态。长江沿岸的坡体整体是南北朝向,虽然 InSAR 技术对南北方向形变不敏感,但是局部坡度的变化使得 InSAR 技术可以探测到坡体的变化。根据之前学者在万州地区滑坡的统计,不稳定坡体的坡度主要集中在 16°~26°(桂蕾,2014)。同时发现奉节地区滑坡的坡度集中在 15°~30°,与万州地区数据基本一致。

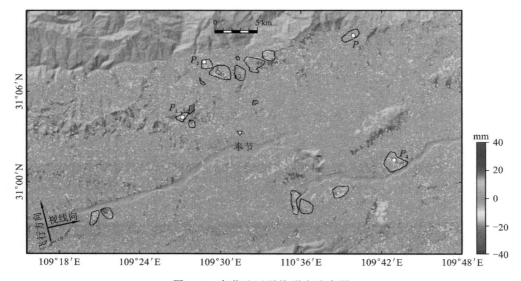

图 4.5 奉节地区平均形变速率图

图 4.6 给出了三峡巫山地区的平均形变速率图。根据之前研究(Fourniadis et al.,2007),巫山镇南侧是滑坡易发区域。根据实验结果,发现的 3 处滑坡都位于滑坡易发区内。坡度大于 50°的区域都处于稳定状态。巫山地区长江沿岸的坡体都处于稳定状态,与之前的研究结果一致。

图 4.7 给出了三峡巴东和秭归地区的平均形变速率图。根据之前研究(Fourniadis et al.,2007;Liu et al.,2004),巴东地区包含巴东组地质成分的地层容易发生滑坡。实验中在这个区域探测到 5 个不稳定坡体。其中利用 InSAR 方法研究的最多的是黄土坡滑坡(Shi et al.,2014;Liu et al.,2013;Tantianuparp et al.,2013;Perissin et al.,2012)。黄土坡滑坡的年平均形变速率为 10~15 mm/a。由于黄土坡滑坡处于活动状态,巴东县城不得不进行搬迁。离巴东约 8 km 的范家坪滑坡位于长江南岸。由于范家坪滑坡人工建筑较多,很多学者也在范家坪滑坡上开展了 InSAR 实验(Zhang et al.,2015;Liao et al.,2012a;Xia,2010)。范家坪滑坡的形变速率可达 40 mm/a。其形变主要与水位的变化有关,具体的影响因素将在 4.4.4 节中讨论。

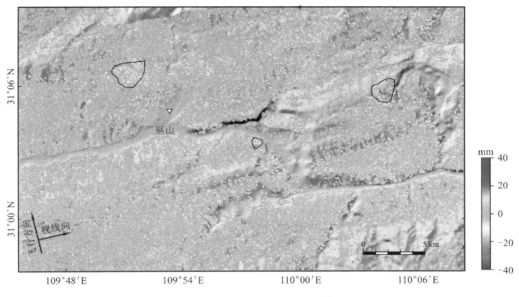

图 4.6　巫山地区平均形变速率图

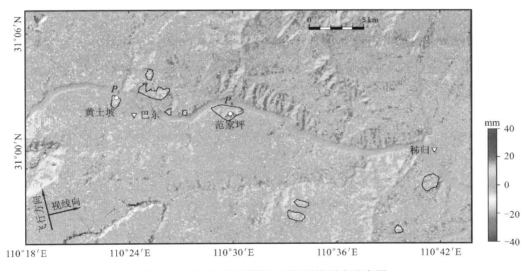

图 4.7　三峡巴东和秭归地区的平均形变速率图

4.4.2　测量结果一致性分析

为了评价数据拼接结果的一致性,对不同轨道间的重叠部分进行了定量评价。图 4.8 给出了相邻轨道重叠区域同名点平均形变速率之差。轨道 464 和轨道 463 之间同名点平均速率差值的标准差为 4.7 mm/a,均值为 0.39 mm。轨道 463 和轨道 462 之间同名点平均速率差值的标准差为 4.9 mm/a,均值为 −0.7 mm。造成轨道之间同名点平均速率之

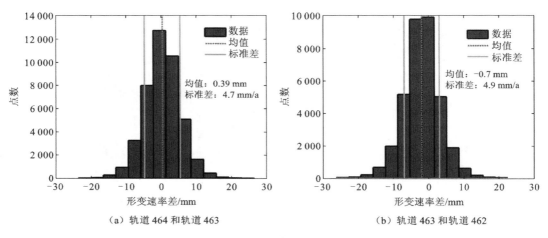

（a）轨道464和轨道463　　　　　　　　（b）轨道463和轨道462

图4.8　不同轨道重叠区域同名点形变速率差分布

间差异的主要原因可归结为以下几个方面：①观测几何之间存在微小的差异。在实验中，同名点之间入射角的差距最大可以达到2°。②三个轨道数据的获取时间不一致，分别对应了滑坡变形的不同演化。特别是当滑坡的变形为非线性时，采样时间不同容易造成平均速率不连续。③由于采用了30m分辨率SRTM进行差分干涉测量和地理编码，SRTM引入的DEM误差会导致形变速率估计存在偏差。DEM误差还会引入地理编码的误差，进而有可能导致同名点匹配出现错误。④重叠区域中存在的变形区域有可能也会引入不一致。但是试验区中，重叠区域不稳定区域较少，对不一致性的贡献有限。

　　由于没有收集到三峡地区的实测验证数据，不能验证结果的绝对精度。为了验证时间序列测量结果的一致性，本节选中了位于黄土坡滑坡上的P_5点的轨道462和轨道463进行交叉验证。因为黄土坡滑坡为平移式滑坡（Chai et al.,2013），将P_5点的视线向形变转换到坡度向进行比较。从图4.9可以看到，两个轨道测量得到的结果整体趋势一致，但在时间序列上存在微小的差异。原因可能是：①两个轨道数据集在解缠过程中导致的差异；②虽然两个数据集都相对校准到接近的日期进行比较，但存在一定的时间差。

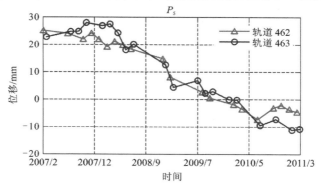

图4.9　巴东黄土坡滑坡时间序列形变（P_5位置见图4.7）

4.4.3　季节性降雨对大气的影响

在进行点目标时间序列形变分析之前,首先讨论大气对形变测量结果的影响。在三峡这样位于长江边上且地形起伏较大的山区,大气信号造成的相位延迟非常明显。图 4.10(a)给出了 P_2 点的大气相位。可以看到大气相位和降雨之间具有非常高的相关性。更准确地说,季节性降雨在雨季获取的影像中引入了严重的大气扰动,而对于旱季获取的影像大气扰动的贡献则相对较小。另外,三峡库区水位的周期性变化对于三峡的水汽变化也有贡献。但是相比于季节性降雨对大气扰动的影响,水位变化对大气扰动的贡献非常小。

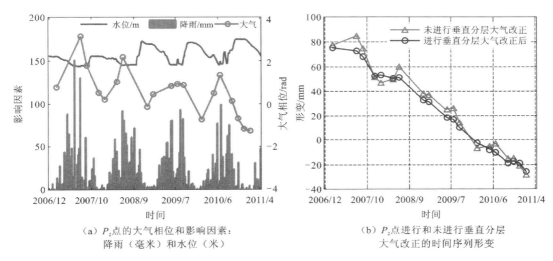

（a）P_2 点的大气相位和影响因素：　　　　（b）P_2 点进行和未进行垂直分层
　　　降雨（毫米）和水位（米）　　　　　　　　　大气改正的时间序列形变

图 4.10　季节性降雨对形变提取结果影响

对于高程和参考点相近的点目标,对相位进行和不进行垂直分层大气改正得到的时间序列结果差别很小。但是对于和参考点之间高程相差较大的像素,如果不能很好地估计和移除大气相位,时间序列信号中就会存在有参与的大气相位并最终影响结果的解译。图 4.10(b)给出了进行和未进行垂直分层大气改正的时间序列形变结果。从结果可以看到,未进行垂直分层大气改正的时间序列中还残余了部分大气相位,而进行垂直分层大气改正之后的结果显得更为合理。

4.4.4　滑坡稳定性影响因素

根据探测到的活动性滑坡结果,大部分的滑坡(特别是离长江较远的滑坡)都具有线性的形变趋势,如图 4.11(a)所示。虽然整个形变趋势可能会稍微有所起伏,但是水位的影响并不明显甚至可以忽略。

对于图 4.11(b),将 P_3 的时间序列形变可以分为两个阶段。2008 年 8 月之前 P_3 以非常小的线性速率变形,但之后开始出现加速,仍以线性的趋势变形。两个阶段的主要区

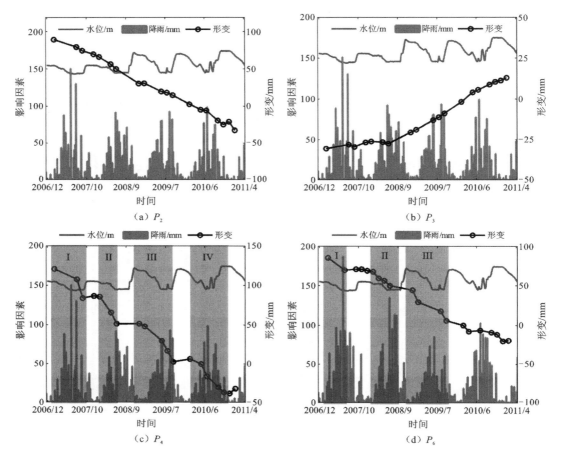

图 4.11 时间序列形变和影响因素之间的关系

别是形变速率的差异,而导致形变速率变化的触发因素可能是 2008 年夏天的连续强降雨。

水位涨落和降雨是长江沿岸滑坡稳定性最主要的两个影响因素(Miao et al.,2014)。本书收集到长江上游水位和巴东奉节降雨量,来研究滑坡形变和影响因素之间的关系。因 ALOS PALSAR 数据的时间采样率较低,主要通过目视判读的方法来分析滑坡变形和降雨/水位变化之间的关系。可以将图 4.11(c)中 P_4 的形变分为 4 个阶段式形变。三峡库区阶段式形变滑坡主要包括两种进程:滑动进程和休眠进程(Miao et al.,2014)。在每个滑动进程中,滑坡以不同的速率滑动。而在休眠进程中,剪切强度逐步恢复,滑坡在这个阶段一般比较稳定。

P_4 的位移主要包括 4 个阶段。其中阶段 II 期间降雨较少,P_4 的位移主要是由水位的下降引起的。阶段 I、III 和 IV 的形变应该是降雨和水位的联合作用引起的。在这 3 个时间段内,开始的时候降雨一般很少,主要是快速下降的水位引起滑坡内外压力变化,进而触发了滑坡的滑动(Shi et al.,2015)。而后随之而来的强降雨对滑坡的侵蚀加速了形变。特别是在阶段 I 中,周降雨量达到了 150 mm。另外还需要注意的是水位影响的滞后效应也不能忽略。在阶段 III 和 IV 中,虽然强降雨开始的时候水位已经停止下降,但是水位影响的滞后效应也有可能对这两个阶段滑坡的变形产生作用。

图 4.11(d) 给出了范家坪滑坡上 P_6 点的位移。从图中可以看出,范家坪滑坡的形变在整个时间序列上可能存在一个线性趋势,但是发现有 3 个阶段滑坡形变的速率发生了变化。阶段 I 主要是由水位的下降引起的,虽然在这个阶段的末期有超过 180 mm 的强降雨,但是并没有发现明显的加速。阶段 II 和 III 的加速主要是由水位下降引起的,而在两个阶段最后时刻的加速可能是由降雨和水位下降的滞后效应造成的。

4.5　本章小结

本章主要利用时间序列 InSAR 方法调查了三峡奉节—秭归段滑坡的稳定性。由于 InSAR 方法覆盖范围广且精度高,非常适合用来在三峡地区进行形变监测。但是为了获取可靠的结果,需要克服去相干和大气的影响。为了尽可能避免去相干现象,最好采用 L 波段数据。但为了更好地研究大气的影响,最好对垂直分层大气和湍流层大气分开进行估计。

在三峡奉节—秭归段,发现了 30 个活动性滑坡,覆盖范围大约有 48 km²,坡度分布在 15°~30°。通过时间序列分析发现,距长江较远的滑坡具有线性形变趋势,降雨在形变趋势变化中起主导作用。对于长江两岸的滑坡,水位下降和强降雨是坡体稳定性的最大威胁。

值得注意的是,干涉测量方法的局限性会导致一些现象探测不到。InSAR 现象主要对视线向形变敏感,而对于南北向的形变探测能力很弱。雷达影像的几何畸变区域也不能识别到点目标,从而提取不到形变信息,对此可以采用升降轨数据结合的方法来增加数据的有效覆盖范围。对于快速形变滑坡,形变梯度过大,一般会造成失相干,进而导致干涉测量应用受限。在利用相位信息不能解决问题的情况下,可以考虑采用幅度信息提取快速形变。具体内容将在第 6 章介绍利用幅度信息进行快速形变提取的方法。

参 考 文 献

桂蕾,2014.三峡库区万州区滑坡发育规律及风险研究.武汉:中国地质大学.

BERARDINO P,FORNARO G,LANARI R,et al.,2002. A new algorithm for surface deformation monitoring based on small baseline differential SAR interferograms. IEEE Transactions on Geoscience and Remote Sensing,40(11):2375-2383.

CASCINI L,FORNARO G,PEDUTO D,2010. Advanced low-and full-resolution DInSAR map generation for slow-moving landslide analysis at different scales. Engineering Geology,112(1-4):29-42.

CHAI B,YIN K,Du J,et al.,2013. Correlation between incompetent beds and slope deformation at

Badong town in the Three Gorges reservoir, China. Environmental Earth Sciences, 69(1): 209-223.

COJEAN R, CAï Y J, 2011. Analysis and modeling of slope stability in the Three-Gorges Dam reservoir (China)-The case of Huangtupo landslide. Journal of Mountain Science, 8(2): 166-175.

FOURNIADIS I G, LIU J G, MASON P J, 2007. Landslide hazard assessment in the Three Gorges area, China, using ASTER imagery: Wushan-Badong. Geomorphology, 84(1): 126-144.

HOOPER A, 2008. A multi-temporal InSAR method incorporating both persistent scatterer and small baseline approaches. Geophysical Research Letters, 35(16): 96-106.

LIAO M S, TANG J, WANG T, et al., 2012b. Landslide monitoring with high-resolution SAR data in the Three Gorges region. Science China Earth Sciences, 55(4): 590-601.

LIU C, LIU Y, WEN M, et al., 2009. Geo-hazard Initiation and Assessment in the Three Gorges Reservoir, Landslide Disaster Mitigation in Three Gorges Reservoir, China. Berlin: Springer: 3-40.

LIU J G, MASON P J, CLERICI N, et al., 2004. Landslide hazard assessment in the Three Gorges area of the Yangtze river using ASTER imagery: Zigui-Badong. Geomorphology, 61(1-2): 171-187.

LIU P, LI Z, HOEY T, et al., 2013. Using advanced InSAR time series techniques to monitor landslide movements in Badong of the Three Gorges region, China. International Journal of Applied Earth Observation and Geoinformation, 21(1): 253-264.

MIAO H, WANG G, YIN K, et al., 2014. Mechanism of the slow-moving landslides in Jurassic red-strata in the Three Gorges Reservoir, China. Engineering Geology, 171(8): 59-69.

NG A H-M, CHANG H-C, GE L, et al., 2009. Assessment of radar interferometry performance for ground subsidence monitoring due to underground mining. Earth Planets and Space, 61(6): 733-745.

NG A H-M, GE L, LI X, 2015. Assessments of land subsidence in the Gippsland Basin of Australia using ALOS Palsar data. Remote Sensing of Environment, 159: 86-101.

PENG L, NIU R, HUANG B, et al., 2014. Landslide susceptibility mapping based on rough set theory and support vector machines: A case of the Three Gorges area, China. Geomorphology, 204(1): 287-301.

PERISSIN D, TENG W, 2012. Repeat-Pass SAR interferometry with partially coherent targets. IEEE Transactions on Geoscience and Remote Sensing, 50(1): 271-280.

QIAO J, WANG M, 2009. Distribution Features of Landslides in Three Gorges Area and the Contribution of Basic Factors, Landslide Disaster Mitigation in Three Gorges Reservoir, China. Berlin: Springer: 173-192.

SHI X, ZHANG L, LIAO M, et al., 2014. Deformation monitoring of slow-moving landslide with L-and C-band SAR interferometry. Remote Sensing Letters, 5(11): 951-960.

SHI X, ZHANG L, BALZ T, et al., 2015. Landslide deformation monitoring using point-like target offset tracking with multi-mode high-resolution TerraSAR-X data. Isprs Journal of Photogrammetry and Remote Sensing, 105: 128-140.

STONE R, 2008. Three Gorges Dam: Into the unknown. Science, 321(5889): 628-632.

SUN Q, ZHANG L, DING X L, et al., 2015. Slope deformation prior to Zhouqu, China landslide from InSAR time series analysis. Remote Sensing of Environment, 156: 45-57.

TANTIANUPARP P, SHI X, ZHANG L, et al., 2013. Characterization of landslide deformations in Three Gorges Area using multiple InSAR data stacks. Remote Sensing, 5(6): 2704-2719.

WANG F, ZHANG Y, HUO Z, et al., 2008. Mechanism for the rapid motion of the Qianjiangping landslide during reactivation by the first impoundment of the Three Gorges Dam reservoir, China. Landslides, 5(4):379-386.

WASOWSKI J, BOVENGA F, 2014. Investigating landslides and unstable slopes with satellite Multi Temporal Interferometry: Current issues and future perspectives. Engineering Geology, 174 (8): 103-138.

XIA Y, KAUFMANN H, GUO X, 2002. Differential SAR interferometry using corner reflectors. IEEE International Geoscience and Remote Sensing Symposium, 2:1243-1246.

XIA Y, KAUFMANN H, GUO X, 2004. Landslide monitoring in the Three Gorges area using D-InSAR and corner reflectors. Photogrammetric Engineering and Remote Sensing, 70(10):1167-1172.

XIA Y, 2010. Synthetic Aperture Radar Interferometry. //Xu G. Sciences of Geodesy -I. Berlin: Springer: 415-474.

ZHANG L, DING X, LU Z, et al., 2014. A novel multitemporal InSAR model for joint estimation of deformation rates and orbital errors. IEEE Transactions on Geoscience and Remote Sensing, 52(6): 3529-3540.

ZHANG L, LIAO M, BALZ T, et al., 2015. Monitoring landslide activities in the Three Gorges Area with multi-frequency satellite SAR data sets//Scaioni M. Modern Technologies for Landslide Monitoring and Prediction. Berlin: Springer:181-208.

第 5 章

岛状冻土区高速公路
边坡稳定性监测

　　岛状冻土广泛存在于我国东北地区,冻土对温度的变化较为敏感,受季节性冻融现象影响严重,这对于建筑在冻土之上的人工设施产生了极大的危害。在我国的东北小兴安岭地区,植被覆盖茂密,受去相干因素的影响,传统的差分干涉测量和永久散射体干涉测量方法难以得到有效应用。为了获取该地区北安—黑河高速公路的稳定性情况,本章提出了一种快速可靠的针对线状地物形变监测的流程。将问题简化到一维,对干涉相位进行一维解缠。针对DEM 误差大的问题,将序列差分干涉图按照时空基线大小划分成一个高程数据集和一个形变数据集来分别估计高程误差和形变信息,并利用提出的方法成功探测到滑坡和冻土地区引起的高速公路形变。

5.1 实验区和实验数据

冻土是指温度在 0 ℃以下,含有冰的岩石和土壤,按照冰冻时间可以分为短时冻土、季节性冻土及多年冻土。多年冻土从高纬向低纬延伸,厚度变薄且由连续的冻土带向不连续的冻土带过渡。这种多年冻土的不连续带是由许多分散的冻土块体组成,这些分散的冻土块体即岛状冻土。

与高海拔多年冻土区的青藏高原不同,东北地区是我国唯一的高纬度多年冻土区,也是我国第二大多年冻土区。大小兴安岭的多年冻土是晚全新世与末次冰盛期寒冷气候的产物。随着前期老冻土温度降低和厚度增加,南界以南地区形成新冻土层,一直延续到17~18 世纪,新冻土的发展达到了高峰阶段,冻土南界的位置越过现今南界的位置。18世纪后半叶,气候转暖,冻土退化至现在的南界(王春娇,2015)。区域岛状多年冻土属于古代冰川沉积残留物,处于退化阶段。近年来,受气候和外界环境变化的影响,东北高纬度冻土区冻土赋存条件更加脆弱,冻土退化进程加快,主要表现为冻土分布的南界北移、厚度减薄和地温升高。冻土含有丰富的地下冰,对温度变化极为敏感,导致冻土具有流变性。因此,在冻土区域修筑的人工地物面临两大危险:冻涨和融沉。

北安—黑河高速公路(简称北黑高速公路)是连接北安市和黑河市爱辉区之间的一条重要交通枢纽(图 5.1(a))。在 2000 年是按照国家级公路的标准修建的,于 2009 年拓宽升级为高速公路(Shan et al.,2012a)。在小兴安岭的部分沼泽化湿地及背阴地带,存在着大量的岛状冻土(Kimura et al.,2000)。包含冻土的底层对温度的敏感性非常高,温度升高,冻土融化后,底层变软,极易产生融沉、融陷乃至滑坡等地质灾害。据统计,北黑高速公路有塔头湿地、漂筏地、岛状冻土特殊路基处理路段 300 多处,总长大于 40 km(姜在阳,2011)。北黑高速公路地质条件复杂,有些路段出现了严重的损毁并被迫改道(Shan et al.,2012a)。基于以上情况,有必要对北黑高速公路的稳定性进行监测以保障道路运行安全。

图 5.1(b)中实验区位于孙吴县,年平均气温为 −0.6 ℃,寒温带大陆性季风气候,冬季漫长而寒冷,夏季温和多雨。从图中可以看出,这个区域植被覆盖率极高。为了提高这个区域高速公路的稳定性,学者采用全球卫星定位系统(GPS)和水准测量等方法对高速公路及周围的滑坡等地质灾害点进行密切监测(Shan et al.,2012a;Kimura et al.,2000)。但是这些方法由于覆盖范围小且观测值稀疏并不适合大范围线状地物观测,相反 InSAR由于其覆盖范围大精度高等优点比较适合(裴媛媛等,2013)。前期利用 GAMMA 公司的 IPTA 方法对北黑高速公路进行的研究表明,茂密的植被覆盖引起了严重的时间去相干,仅识别出了少量点目标(王春娇,2015;Shan et al.,2012b)。

图 5.2 首先给出了实验区的两幅相干图。图 5.2(b)是 2012 年 5 月 10 日和 2012 年5 月 21 日影像之间相干图,时间基线 11 天,垂直基线 220 m,可以看到除道路周围区域外基本全部失去相干性。图 5.2(c)是 2012 年 5 月 10 日和 2012 年 6 月 12 日影像之间相干图,时间基线 33 天,垂直基线 96 m,道路同样保持了较高的相干性。从图 5.2(b)可以看到,由于道路周围地区都有植被覆盖,散射特性变换较快,很难保持较高相干性。另外,5 月气温回升,含冰的土壤开始融化,导致土壤中的水分含量增加,失相干现象更严重。

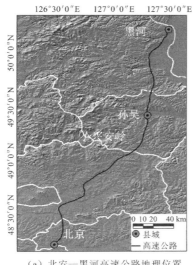

（a）北安—黑河高速公路地理位置　　　　（b）实验区Google EarthTM光学影像

图 5.1　北安—黑河高速公路地理位置及影像图

由于周围可用信息基本为零,因此只针对线状地物进行分析可以有效地避免噪声干扰。

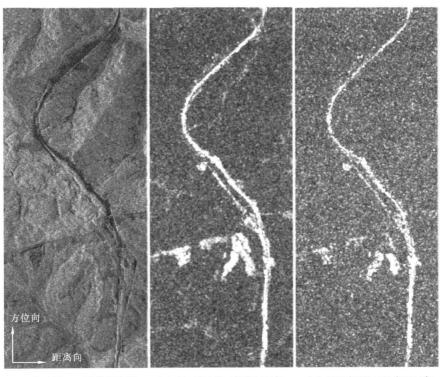

（a）实验区SAR影像幅度图　　（b）2012年5月10日和2012年　　（c）2012年5月10日和2012年
　　　　　　　　　　　　　　　　　5月21日影像之间相干图　　　　　　6月12日影像之间相干图

图 5.2　实验区 SAR 影像幅度图和相干图

　　本次实验收集了 2012 年 5~11 月的 12 景分辨率为 3 m 的条带模式 TerraSAR-X 数据,数据的基本信息见表 5.1。利用收集到的高分辨率雷达影像生成了 40 景干涉图。如图 5.3 所示,虚线表示高程数据集,实线表示形变数据集。由于空间基线较长的干涉图对高程误差敏感,高程数据集是由垂直基线为 100~300 m 且时间基线小于 1 个月的干涉图组成。时间基线和空间基线较短的干涉图对形变敏感,形变数据集主要由垂直基线小于 100 m 且时间基线大于 1 个月的干涉图组成。在地理编码及生成差分干涉图的过程中采用了覆盖实验区的 90 m 分辨率的 SRTM DEM 数据。

表 5.1　雷达数据基本信息

编号	获取时间	空间基线/m	时间基线/天
1	2012/5/10	0	0
2	2012/5/21	223.6	11
3	2012/6/12	96.5	33
4	2012/7/4	212.9	55
5	2012/7/26	80	77
6	2012/8/6	153.8	88
7	2012/8/28	135.8	110
8	2012/9/8	334.4	121
9	2012/9/19	38.7	132
10	2012/9/30	144.6	143
11	2012/10/22	25.4	165
12	2012/11/2	188.8	176

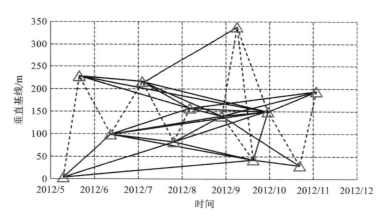

图 5.3　干涉图时空基线图

5.2　低相干区线状地物形变监测方法

　　在植被覆盖茂密的地区,X 波段雷达影像受到去相干现象的影响严重(Bovenga et al.,2012)。幸运的是,建设在这些区域的人工地物由于回波稳定,通常在长时间序列中保持较高的相干性,但是在这些人工地物的周围只能找到非常少的稳定点目标。因此,与其他实验中主要提高点的密度不同,本书将注意力集中在高速公路上的点目标,也就是说只提取高速公路上的稳定点目标。采用振幅离差的方法提取点目标候选点,在选择候选点时可以首先设置一个宽松的阈值,尽可能多地选出道路上的点,不在高速公路上的点可以直接去掉。为了进一步简化问题并剔除不可靠的点,只保留每行(或每列)上振幅离差值最小的点目标。进而,后续的相位解缠也变成了一个一维问题。

在解缠之前,将给出一些基本的假设。一般认为缓慢形变和高程误差都是空间相关的,不会只发生在一个点上,因此,在高速公路上点目标密度足够高的情况下,相邻像素之间的相位差分布在$(-\pi, \pi]$。这个假设对于一维相位解缠非常重要,并且适用于由大多数高分辨率且重访周期短的卫星系统观测到的缓慢形变。

由于上述过程中把相位解缠简化为一维问题,进一步保证了解缠的可靠性。基于上面的假设,在出现相位跳变时,可以通过简单的加减2π的整数倍来恢复出解缠相位,如图5.4所示。具体来说,如果两个相邻像素P_1和P_2的相位差$\varphi_{P_1} - \varphi_{P_2} \leqslant -\pi$,将$P_2$的相位减去$2\pi$就可以得到$P_2$点的解缠相位。而当$\varphi_{P_1} - \varphi_{P_2} > \pi$时,将$P_2$的相位加上$2\pi$就可以得到$P_2$点的解缠相位。当然这种解缠方法在相位突变时可能会出现失败,对于这种情况,可以直接采用人工干预的方法辅助解缠。

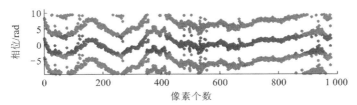

（a）缠绕相位以及缠绕相位加减2π的散点图,蓝色表示缠绕相位,红色表示缠绕相位减2π,绿色表示缠绕相位加2π

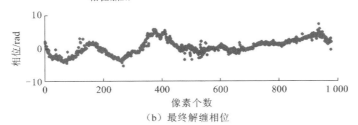

（b）最终解缠相位

图 5.4　相位解缠示意图

解缠之后的差分相位可以表示为

$$\Delta\varphi_{\text{dif}} = \Delta\varphi_{\text{mov}} + \Delta\varphi_{\text{topo}} + \Delta\varphi_{\text{atm}} + \Delta\varphi_{\text{n}} \tag{5.1}$$

式中:$\Delta\varphi_{\text{mov}}$、$\Delta\varphi_{\text{topo}}$、$\Delta\varphi_{\text{atm}}$和$\Delta\varphi_{\text{n}}$分别为由缓慢形变、高程误差、大气及热噪声造成的相位分量。

由缓慢形变引起的相位分量可以表示为

$$\Delta\varphi_{\text{mov}} = t v_{\text{ln}} + \Delta\varphi_{\text{nl}} \tag{5.2}$$

式中: t 为时间基线; v_{ln} 为线性形变速率; $\Delta\varphi_{\text{nl}}$ 为由非线性形变造成的相位变化。

对于由高程误差引起的相位分量可以表示为

$$\Delta\varphi_{\text{topo}} = \frac{4\pi}{\lambda}\frac{B}{R\sin\theta}\Delta h \tag{5.3}$$

由于实验中用到的 90 m 分辨率的 SRTM DEM 数据于 2000 年获取,这与 3 m 分辨率的 TerraSAR-X 高分辨率数据不匹配。虽然研究表明 SRTM DEM 数据的测高精度小于 16 m(Rabus et al.,2003),但是距 SRTM DEM 数据最初获取已经过去了 10 余年,很多地方的地形已经发生了变化,特别是实验区中的北黑高速公路经历了拓宽升级。另外,X 波段数据差分干涉测量对高程误差和缓慢形变更敏感(Bovenga et al.,2012)。因此,在处理缓慢形变时必须准确地区分高程误差和形变信息以保证测量的精度。

为了精确地分离高程误差和形变相位,将于 t_0 到 t_N 时刻获取的 $N+1$ 幅雷达影像生成的干涉图分成一个高程数据集和一个形变数据集。高程数据集由短时间基线且空间基线大于 100 m 的 M_T 幅干涉图组成,此类干涉图对高程误差较为敏感,主要用于估计高程误差信息。形变数据集包含长时间基线和短空间基线的 M_D 幅干涉图,此类干涉图对缓慢形变信号较为敏感,主要用于估计形变信息。形成干涉图并解缠之后,就可以采用循环的方式分别估计高程误差和线性形变速率。

对于高程数据集,式(5.1)可以表示为

$$\begin{cases} \Delta\varphi_{\text{dif}} = \begin{bmatrix} \boldsymbol{T} & \boldsymbol{P} \end{bmatrix}\begin{bmatrix} v \\ \Delta h \end{bmatrix} + \Delta\varphi_{\text{N}} \\ \Delta\varphi_{\text{N}} = \Delta\varphi_{\text{nl}} + \Delta\varphi_{\text{atm}} + \Delta\varphi_{\text{n}} \end{cases} \tag{5.4}$$

式中: $\boldsymbol{T}=[t_1\cdots t_{M_T}]$; $\boldsymbol{P}=[p_1\cdots p_{M_T}]$, t_i 为时间基线, $p_i=\dfrac{4\pi}{\lambda}\dfrac{B_i}{R_i\sin\theta_i}=\dfrac{2\pi}{H_{\text{amb}}}$ 为第 i 幅干涉图的干涉相位随高程的变化率,与高程模糊度成反比。首先对式(5.4)进行二维回归分析,初步得到高程误差和线性形变速率的估计值,并将估计得到的高程误差从形变干涉图数据集中移除,可以得到相应的形变数据集相位残差:

$$\delta\varphi_{\text{res}} = \Delta\varphi_{\text{dif}} - \Delta\varphi_{\text{topo}} = tv + \Delta\varphi_{\text{nl}} + \Delta\varphi_{\text{atm}} + \delta\varphi_{\text{n}} \tag{5.5}$$

对于形变数据集,式(5.5)可以表示为

$$\begin{cases} \delta\varphi_{\text{res}} = \boldsymbol{T}v + \delta\varphi_{\text{N}} \\ \delta\varphi_{\text{N}} = \Delta\varphi_{\text{nl}} + \Delta\varphi_{\text{atm}} + \delta\varphi_{\text{n}} \end{cases} \tag{5.6}$$

式中: $\boldsymbol{T}=[t_1\cdots t_{M_D}]$。可以利用最小二乘法从式(5.6)中得到线性形变速率的估计值。随后可以把从形变干涉图数据集估计得到的线性形变速率代入式(5.4)中,并将线性形变速率从中移除,那么式(5.4)将会变为下面的形式:

$$\begin{cases} \Delta\varphi_{\text{dif}} - \boldsymbol{T}v = \boldsymbol{P}\Delta h + \Delta\varphi_{\text{N}} \\ \Delta\varphi_{\text{N}} = \Delta\varphi_{\text{nl}} + \Delta\varphi_{\text{atm}} + \Delta\varphi_{\text{n}} \end{cases} \tag{5.7}$$

同样用最小二乘法从高程数据集中估计高程误差。为了更精确的估计高程误差和线性形变速率,可以采用循环的方式从高程数据集和形变数据集中利用式(5.6)和式(5.7)估计高程误差和线性形变速率,直到估计得到的数值变化小于预先设定的阈值。

估计得到的高程误差和线性形变速率最终将从形变数据集中移除,紧接着将利用形变数据集残差估计非线性形变。现在残差中,还包括大气误差、非线性形变和热噪声。一般可以根据这三种分量的不同特性进行分离,大气相位在时间域上不相关,在空间域上是相关的,一般假设在 $1\ \text{km}^2$ 范围内大气延迟变化不明显,而形变空间域和时间域都是相关的。因此可以通过两个信号的不同特性进行分离,在空间域采用一个一维五阶巴特沃斯滤波器进行低通滤波,在时间域采用一个三角形滤波器对得到的残差相位进行滤波(Ferretti et al.,2001)。在估计得到大气误差之后,将之移除,最后得到了式(5.8)中的残余项:

$$\delta\varphi_{\text{res}}=\Delta\varphi_{\text{dif}}-\Delta\varphi_{\text{topo}}-tv-\Delta\varphi_{\text{atm}}=\delta\varphi_{\text{nl}}+\delta\varphi_n=\boldsymbol{B}\,\boldsymbol{V}_{\text{nl}}+\delta\varphi_n \tag{5.8}$$

式中:$\boldsymbol{V}_{\text{nl}}$ 为非线性形变速率矩阵 $[v_1\cdots v_N]$。$\boldsymbol{B}$ 为一个 $M_{\text{D}}\times N$ 维的矩阵,矩阵中的任意元素 (m,k) 在 $i+1\leqslant k\leqslant j,\forall\,m=1,\cdots,M_{\text{D}}$ 时 $\boldsymbol{B}(m,k)=t_{k+1}-t_k$,在其他位置 $\boldsymbol{B}(m,k)=0$,i 和 j 是主从影像的索引($0\leqslant i\leqslant j\leqslant N$)。最终,非线性形变可以通过奇异值分解的方法得到。假设所有的点目标在第一次数据获取时形变为 0,那么可以得到每个点的时间序列形变:

$$d_i=-\frac{4\pi}{\lambda}\sum_{k=1}^{i}(t_{k+1}-t_k)v_k-\frac{4\pi}{\lambda}(t_i-t_0)v \tag{5.9}$$

式中:i 为每幅雷达影像的索引且 $0\leqslant i\leqslant N$;d_i 为对应的形变;v_k 为矩阵 $\boldsymbol{V}_{\text{nl}}$ 中的第 k 个元素。图 5.5 中给出了算法的详细流程图。

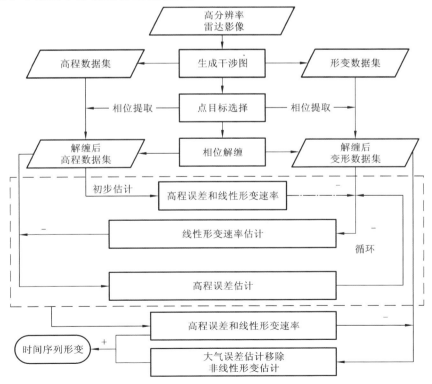

图 5.5　线状地物形变监测流程图

5.3 北安—黑河高速公路沿线边坡形变信息提取

5.3.1 平均形变速率

由于没有得到任何的地面验证数据,选择了位于地质灾害区域外围处的且地势较高的点作为参考(图 5.6)。图 5.6(a)给出了用本书提出的方法估计得到的高程误差。另外,图 5.6(a)中的黄色箭头所示地区由于滑坡对道路造成严重的损害而不得不废弃该路段,并于 2009 年改道重新修建新的路段(Shan et al.,2012a)。SRTM DEM 数据于 2000 年获取,而 2009 年后修建的新道路段高程误差最大,在 15 m 左右,这在一定程度上表明了算法的有效性。

图 5.6(b)给出了估计得到的平均形变速率。从结果可以看出,P 路段的形变最大。主要原因是这段高速公路主要建设在岛状冻土区域之上,年复一年的冻融现象对道路产生了破坏。除了冻土,图 5.6(b)中 L_1、L_2、L_3 和 L_4 表示了实验区中 4 处滑坡所在地。L_1、L_2 和 L_3 周围的点目标处在比较活跃的状态,形变速率可以达到 1~2 cm。而新修建的路段除了 L_4 周围的少数点有微小形变之外,整体处在稳定状态。图 5.6(b)中 I_1—I_2 路段是新旧路段的交界处,在这段交界处也发现了 2 cm 左右的形变。同时,图 5.6(b)中 S 所指处同样识别出了 3 处形变。通过分析发现,这个路段属于下坡处,S 所指的 3 处地点位置较低,便于雨雪累积,这导致此路段容易受到雨水侵蚀和冻融等现象的影响。

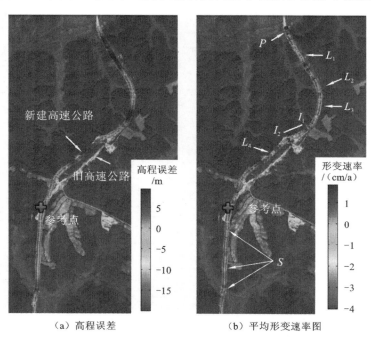

（a）高程误差 （b）平均形变速率图

图 5.6 估计得到的高程误差和平均形变速率图

5.3.2　形变时间序列分析

图 5.7 给出了新旧高速公路交界路段 I_1—I_2 的时间序列形变趋势。这个区域的高速公路修建在季节性冻土上,温度的升高使土壤中的冰融化,进而软化路基。从图中可以看出,道路的形变主要集中在 5～7 月,并且导致旧高速公路失稳的滑坡可能对路基的稳定性存在影响。

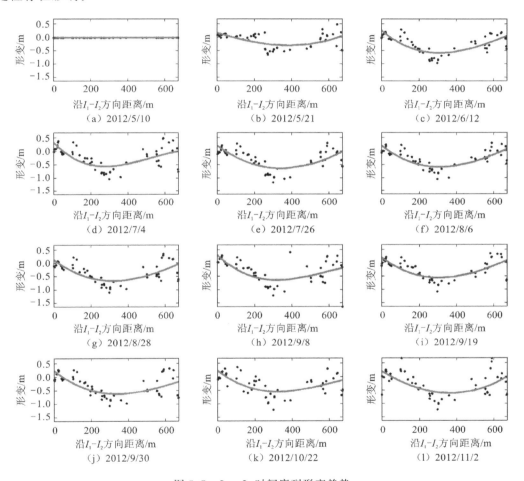

图 5.7　I_1—I_2 时间序列形变趋势

图 5.8 给出了点 P 的时间序列形变来评估降雨和温度对高速公路稳定性造成的形变影响。由于参考点位于高速公路上,这里忽略由稳定造成的热胀冷缩。点 P 的形变主要集中在 5～7 月,这段时间内温度上升,形变达到了 1.6 cm,应该主要是由冻土融化导致的。之后,7～9 月中旬温度开始下降。而在 9～10 月,形变趋势出现了微小的抬升,可以认为这主要是由于气温下降导致的路基冻胀引起的,而降雨对道路稳定性的作用较小。

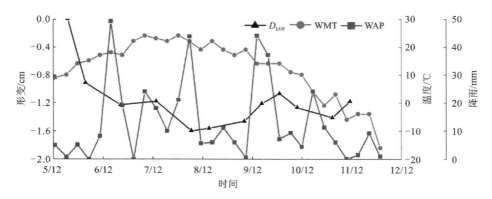

图 5.8　P 点时间序列形变趋势以及对应周平均气温和周累积降雨量

5.3.3　结果讨论

　　虽然北黑高速公路周围地区植被覆盖茂密,但是由于人工地物具有稳定的散射特性,可以保持较高的相干性,可以作为稳定点目标用来提取和分析线状地物的形变特征。由于北黑高速公路沿线地质灾害点分布较多,相比于传统方法,时间序列雷达遥感分析方法可以在道路上获取密度很高的观测,能够充分反映道路的整体形变趋势,雷达遥感的作用将会非常有意义。

　　由于北黑高速公路的特殊地理位置、气候和地质环境,道路的稳定性主要受到滑坡及冻土冻融等因素的影响。特别是小兴安岭地区冬季漫长,降雪较多,冻融等因素对于路基的破坏严重,从图 5.7 可以看出,道路的形变主要集中在夏季冻土层融化过程时间段内。而对于低洼路段,路基排水不通畅,同样有可能产生形变,如图 5.6(b)中 S 所指的路段。从监测的结果来看,十分有必要采用时序雷达数据分析的方法对其进行长期稳定性监测,为道路的稳定性维护提供支撑信息。

5.4　本章小结

　　由于东北小兴安岭地区植被覆盖茂密,传统的雷达干涉测量方法应用困难。低相干区域识别出的稀疏点目标不但没有帮助结果的解译,反而成为干扰项。本章主要提出了一种针对线状地物的改进的小基线集算法,并将其成功地应用于东北地区北黑高速公路稳定性监测。

参 考 文 献

姜在阳,2011.北黑高速——腾飞的巨龙.黑龙江交通科技,34(12):72.

裴媛媛,廖明生,王寒梅,2013.时间序列 SAR 影像监测堤坝形变研究.武汉大学学报(信息科学版),38
　　(3):266-269.

王春娇,2015.基于 D-InSAR 的东北多年冻土退化区地表形变研究.哈尔滨:东北林业大学.

BOVENGA F,WASOWSKI J,NITTI D O,et al,2012. Using COSMO/SkyMed X-band and ENVISAT C-band SAR interferometry for landslides analysis. Remote Sensing of Environment,119（3）：272-285.

FERRETTI A，PRATI C，ROCCA F，2001. Permanent scatterers in SAR interferometry. IEEE Transactions on Geoscience and Remote Sensing,39(1):8-20.

KIMURA H,YAMAGUCHI Y,2000. Detection of landslide areas using satellite radar interferometry. Photogrammetric Engineering & Remote Sensing,66(3):337-344.

RABUS B,EINEDER M,ROTH A,et al,2003. The shuttle radar topography mission-a new class of digital elevation models acquired by spaceborne radar. Isprs Journal of Photogrammetry and Remote Sensing,57(4):241-262.

SHAN W,JIANG H,CUI G H,2012a. Formation mechanism and characteristics of the Bei'an to Heihe expressway K177 landslide. Advanced Materials Research,422:663-668.

SHAN W,WANG C J,HU Q,2012b. Expressway and road area deformation monitoring research based on InSAR technology in isolated permafrost area. 2012 2nd International Conference on Remote Sensing,Environment and Transportation Engineering（RSETE）,Nanjing,June,1-3.

第 **6** 章

快速变形滑坡监测的 SAR 偏移量分析方法

当滑坡体形变比较大时,相位测量的方法容易出现混叠或失相干并导致结果不可靠。本章研究传统的像素偏移量方法,在青海果卜岸坡开展实验,成功获取果卜岸坡变形数据。在此研究的基础上,提出一种点目标偏移量分析方法,这种方法利用雷达影像中具有较强幅度信息的角反射器等点目标进行形变信息提取。相比于传统的像素偏移量方法,利用此方法对地震和滑坡等地质灾害区域的监测结果表明,测量精度和稳定性得到明显提升。

6.1 SAR 影像像素偏移量分析方法（POT）

6.1.1 互相关算法

像素偏移量分析技术也称像素偏移量追踪技术（pixel offset tracking，POT），其核心在于互相关算法，可通过两景 SAR 数据密集匹配获取像素的相对偏移量。首先，以主影像为参考，根据轨道信息计算出从影像的初始偏移量。然后，针对每一个参考窗口和一系列同样大小的搜索窗口，计算归一化的互相关性，该指标可用于评价雷达信号强度的相似性。子像素精度可以通过搜索经采样处理后的互相关曲面的峰值位置实现。

图 6.1(a) 显示了一个中间过程，参考窗口相对搜索窗口移动，对于每一次迭代，都会记录与参考窗口中心像素对应的互相关性，拟合的互相关曲面如图 6.1(b) 所示。搜索窗口中心 P 与互相关曲面峰值 P' 之间的距离 d 即为 P 点处的偏移量（de Lange et al.，2007）。

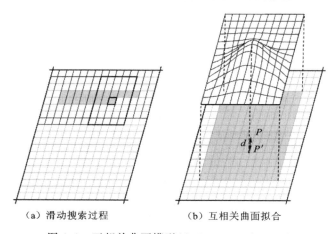

（a）滑动搜索过程　　　　　（b）互相关曲面拟合

图 6.1　互相关曲面模型（de Lange et al.，2007）

6.1.2 偏移量影响因素及理论模型

在星载 SAR 干涉测量中，通常使用重复轨道干涉测量模式。如图 6.2 所示，这种模式仅利用一幅天线，在不同的时间对同一地区进行重复成像，成像期间地表仍保持一定的相干性，从而实现干涉测量。

由于两次卫星过境时，雷达天线的位置会发生变化，导致地面同一点在两幅 SAR 图像中的位置出现像素偏差，属于系统性偏移。一般在重复轨道干涉测量时，方位向受飞行姿态的变化等因素影响，影像的偏移多达上百个像素；距离向由于影像成像时对地面入射角的不一致，也有几十个像素的偏移。需要利用卫星精密轨道参数对两幅影像进行粗定位，计算两幅影像粗略的相对偏移量，处理过程如图 6.3 所示。

具体步骤为：首先利用行号和脉冲重复频率，以及列号和距离向采样频率计算方位时间和地距时间，然后基于方位时间、地距时间和卫星的速度位置矢量来计算卫星的位置矢量，基于多普勒方程计算参考影像中行列号为 $p_{\mathrm{m}}(l, p)$ 的中心像元 $p(x, y, z)$ 在输入影像

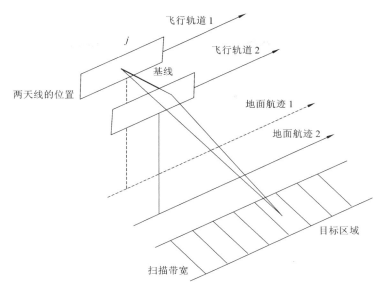

图 6.2　重复轨道干涉测量几何示意图

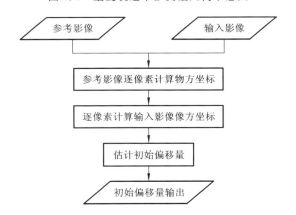

图.3　SAR 干涉像对初始偏移量估算流程图（王腾，2006）

上的行列号$p_s(l,p)$，求得初始偏移量

$$\text{offset}(l,p)=p_s(l,p)-p_m(l,p)\tag{6.1}$$

计算过程中主要需要使用距离方程、多普勒方程和地球模型方程（Curlander，1982）。

1. 距离方程

星载 SAR 到地面目标的斜距

$$R=\left|\boldsymbol{R}_s-\boldsymbol{R}_T\right|=\frac{c\tau}{2}\tag{6.2}$$

式中：$\boldsymbol{R}_s$ 为卫星的位置矢量；$\boldsymbol{R}_T$ 为目标的位置矢量；c 为光速；τ 为 SAR 所接收的目标回波相对于发射脉冲的时间延迟。

2. 多普勒方程

星载 SAR 观察到的目标回波多普勒频率

$$f_{\mathrm{D}} = -\frac{\lambda}{2} \frac{(\boldsymbol{v}_{\mathrm{s}} - \boldsymbol{v}_{\mathrm{T}})(\boldsymbol{R}_{\mathrm{s}} - \boldsymbol{R}_{\mathrm{T}})}{|\boldsymbol{R}_{\mathrm{s}} - \boldsymbol{R}_{\mathrm{T}}|} \tag{6.3}$$

$$= -\frac{\lambda}{2R} \boldsymbol{R} \cdot \boldsymbol{v}$$

式中：λ 为波长；$\boldsymbol{v} = \boldsymbol{v}_{\mathrm{s}} - \boldsymbol{v}_{\mathrm{T}}$ 为 SAR 传感器与目标间的相对速度矢量。如果令 f_{D} 为常数，则可在地球表面得到等多普勒线，呈簇状双曲线形状。由于地球自转，这些曲线相对于星下点分布不对称。

3. 地球模型方程

地球通常用椭球体来描绘：

$$\frac{x^2 + y^2}{R_{\mathrm{e}}^2} + \frac{z^2}{R_{\mathrm{p}}^2} = 1 \tag{6.4}$$

式中：$R_{\mathrm{e}} = 6\,378.139$ km，为平均赤道半径；$R_{\mathrm{p}} = (1 - 1/f)R_{\mathrm{e}}$，为极半径，$f$ 为地球扁率。

接下来，需要计算主从影像间的互相关指数，当该值达到峰值时对应的偏移量由两部分组成：轨道参数误差及真实的形变信息。经验表明，当整景影像中大部分区域未发生形变时，偏移场中轨道参数误差造成的偏移趋势可以通过双线性多项式或二次多项式近似描述(Strozzi et al.,2002)，如式(6.5)和式(6.6)。在减去轨道误差后即可得到由形变造成的像素偏移量

$$R_{\mathrm{orb}} = a_0 + a_1 x + a_2 y + a_3 xy \tag{6.5}$$

$$R_{\mathrm{orb}} = a_0 + a_1 x + a_2 y + a_3 xy + a_4 x^2 + a_5 y^2 \tag{6.6}$$

式中：a_0、a_1、a_2、a_3、a_4、a_5 为待定系数；x、y 分别为雷达坐标系下距离向和方位向坐标值。

6.1.3　POT 技术形变探测精度分析

偏移量分析技术可分为相干偏移量分析技术和非相干偏移量分析技术。顾名思义，这两种方法的区别在于是否利用了 SAR 信号的相位信息。

相干偏移量分析技术的精度可近似表达为(Bamler et al.,2005)

$$\sigma = \sqrt{\frac{3}{2N}} \frac{\sqrt{1 - \gamma^2}}{\pi \gamma} \tag{6.7}$$

式中：σ 为像素单元中偏移量估算误差的标准差；N 为估算窗口中的样本数目；γ 为互相关性。对于非相干偏移量分析技术，精度表达式与之类似，但需乘以 $\sqrt{2}$，这是因为只有一半的信息被使用。式(6.7)表明，为了减小 σ，需要更高的互相关性和更多的样本数目。对于互相关算法而言，在互相关性较高的情况下，偏移量计算精度大约为一个像素单元的 1/20(Hanssen,2001)。针对 ENVISAT ASAR 数据，方位向像素大小约 4 m，也就是说估算精度约为 20 cm。

尽管偏移量分析技术精度不及 InSAR 技术，该方法在监测剧烈形变(如地震(Simons et al.,2002)和火山运动(Jónsson et al.,2005))中具有无可比拟的优势。另外，该方法能

同时提取方位向和距离向两个方向的形变场,南北向形变可以通过方位向位移场获取,且如果同时具有升降轨数据对,可以获取三维形变场。同时,还可以避免 SAR 干涉图形变信息提取中的相位解缠处理(Strozzi et al.,2002)。

6.2　基于 POT 方法的滑坡表面形变探测

6.2.1　果卜实验区简介

拉西瓦水电站修建于青海贵德县境内的黄河干流上,是目前黄河流域内装机容量最大、发电量最多的水电站。果卜岸坡距拉西瓦水电站 500～1 700 m(图 6.4),属于高山深切曲流河谷,地形陡峭(王军,2011)。坡度范围为 38°～46°(Zhang et al.,2013)。虽然果卜岸坡较为陡峭,但在拉西瓦水电站前期地质勘查中,认为水电站修建后应该会保持稳定。然而在拉西瓦水电站蓄水后,果卜岸坡发生了剧烈形变,被认定为滑坡。图 6.5(a)～(c)给出了不同时相果卜岸坡的光学影像,可见红色箭头所指处后缘拉裂缝随时间不断拉大,这为拉西瓦水电站的安全运营带了巨大威胁。

(a)

(b)　　　　　　　　　　　　　　　(c)

图 6.4　果卜岸坡地理位置和坡体顶部实景照片

（a）2004/5/8

（b）2005/3/2

（c）2010/9/12

图 6.5　果卜岸坡不同时相 Goolge Earth 光学影像

　　该地区的地层主要由中生代花岗岩组成（图 6.6），但表层覆盖了松散土层。且地表植被覆盖较少（图 6.4(b)），在有降雨时地表的土层容易受到雨水侵蚀。土层的下部为花岗岩（图 6.4(c)），呈拉张状态，岩性较脆。

6.2.2　实验数据和结果分析

　　由于果卜岸坡形变较大且距拉西瓦水电站非常近，GPS 等位移监测手段被安装在果卜岸坡上，对其进行密切监视（王军，2011）。InSAR 及光学影像等方法同样被用于果卜岸坡形变监测，但是在以往研究中 InSAR 并没有识别出果卜岸坡形变（Zhang et al.，2013）。本次实验主要收集到了升轨的 ALOS PALSAR 数据和 2009 年 9 月至 2010 年 9 月降轨的 ENVISAT ASAR 数据进行实验。

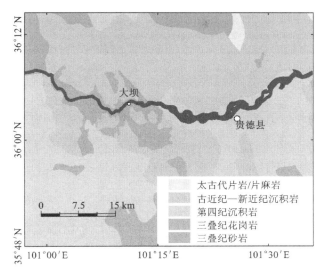

图 6.6 拉西瓦大坝地质图

本节对升轨 ALOS PALSAR 数据观测失败原因进行分析。首先,虽然果卜岸坡植被覆盖较少,但由于形变梯度过大,超出了 InSAR 的观测能力,因此 InSAR 方法不适合监测果卜岸坡形变。相比之下,POT 适合大量级形变监测,因此对获取的 ALOS PALSAR 数据和 ENVISAT ASAR 数据进行实验,尝试得到果卜岸坡形变场。

但是结果是只在果卜岸坡上利用 ENVISAT ASAR 数据获取了果卜岸坡的形变场,而 ALOS PALSAR 数据在果卜岸坡上探测失败。本节将利用图 6.7 对原因进行详细解释。一般来说对于地形起伏较大的区域,在迎坡面容易发生透视收缩乃至顶底倒置叠掩。ALOS PALSAR 数据采用了 38° 的视角,而果卜岸坡的坡度为 38°~46°,这直接导致升轨获取的数据在果卜岸坡发生了顶底倒置(图 6.7(a),(c)),在匹配时因相干性过低而导致匹配失败。果卜岸坡虽然在降轨 ENVISAT ASAR 数据中呈现为背坡面,但得到了果卜岸坡较缓且较暗的图像(图 6.7(b),(d))。

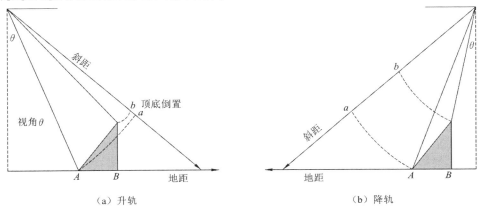

（a）升轨　　　　　　　　　　　　　（b）降轨

图 6.7 升降轨数据果卜岸坡观测示意图

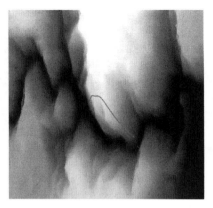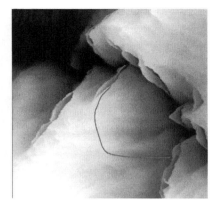

（c）升轨ALOS PALSAR数据仿真雷达坐标系DEM   （d）降轨ENVISAT ASAR数据仿真雷达坐标系DEM

图 6.7　升降轨数据果卜岸坡观测示意图（续）

　　由于果卜岸坡成像质量较差，因此可以将互相关阈值适当降低。图 6.8 给出了 2009 年 9 月 4 日至 2010 年 9 月 24 日果卜段滑坡的累积形变。图 6.8（a）和（b）分别表示利用 ASAR 数据获取的距离向和方位向的滑坡累积形变图。2009 年 9 月至 2010 年 9 月，滑坡中部方位向和距离向最大形变值分别为 2～4 m 和 6～8 m。形变区域主要集中在滑坡体中部。而靠近果卜平台顶部的部分形变偏小，距离向和方位向形变最大为 1～2 m（图 6.8（a），（b））。图 6.8（a）和（b）中红色和蓝色区域表示沉降值较大的区域。

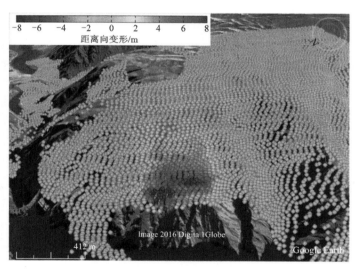

（a）距离向累积形变

图 6.8　果卜岸坡 2009 年 9 月 4 日至 2010 年 9 月 24 日距离向和方位向累积形变

（b）方位向累积形变

图 6.8　果卜岸坡 2009 年 9 月 4 日至 2010 年 9 月 24 日距离向和方位向累积形变（续）

6.3　SAR 影像点目标偏移量分析方法

根据雷达波与地物作用所产生的不同的反射及散射机制,可以把地面目标分成主要两种类型——点目标和分布式目标。

如图 6.9 所示,点目标是在像素分辨单元内占主导地位的散射体,雷达回波以点目标的后向散射信号为主,其相位在长时间序列上保持稳定,它们主要与雷达波形成角反射,如人工目标等;而分布式目标是在像素分辨单元内随机分布的、非相干的散射体的集合,雷达回波是像素分辨单元内所有后向散射信号的矢量和,其相位在长时间序列上变化,它们主要与雷达波形成漫反射,多数地物的后向散射特性属于该目标类型,如草地、农田等。

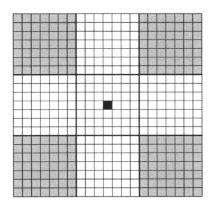

图 6.9　信噪比估计点目标方法

因此,在时间序列 SAR 影像分析中,往往选取相位稳定的点目标的像素单元作为永久散射体 PS 点。对于 PS 点,其主导散射体的相位中心在很大角度范围内的位置是保持不变的,所以它几乎不受几何去相干的影响。同时,在长时间序列上,一个像素单元内占主导的散射体始终保持统治地位。

6.3.1 点目标特征

高幅度值是点目标的主要特征之一。但是,高幅度值也可能由山区的透视收缩效应导致。并且,一个后向散射回波很强的点目标具有明显的旁瓣效应,可能导致分布在周围的伪点目标的出现。因此,需要同时考虑点目标的幅度信息及其后向散射特性,即信杂比(signal to clutter radio,SCR),其定义为(Freeman,1992)

$$\mathrm{SCR}=\frac{\sigma_{\mathrm{pq}}^{\mathrm{T}}}{\langle \sigma_{\mathrm{pq}}^{\mathrm{C}}\rangle}=\frac{\sigma_{\mathrm{pq}}^{\mathrm{T}}\sin\theta_i}{\langle \sigma_{\mathrm{pq}}^{\mathrm{o}}\rangle p_{\mathrm{a}}p_{\mathrm{r}}} \tag{6.8}$$

式中:$\sigma_{\mathrm{pq}}^{\mathrm{T}}$为点目标的雷达散射截面积(radar cross section,RCS);$\sigma_{\mathrm{pq}}^{\mathrm{C}}$为背景杂波的归一化雷达散射截面积;$\sigma_{\mathrm{pq}}^{\mathrm{o}}$为雷达后向散射系数;$p_{\mathrm{a}}$和$p_{\mathrm{r}}$分别为方位向和距离向上的分辨单元长度;$\theta_i$为雷达入射角。

假设点目标周围杂波的功率等于分辨单元内杂波的功率,可以通过阴影部分估计杂波的功率,其他像元估计信号的功率。估算精度可以由式(6.9)表达(Stein,1981):

$$\sigma=\frac{1}{\beta}\frac{1}{\sqrt{B_{\mathrm{c}}T\mathrm{SCR}_i}} \tag{6.9}$$

式中:B_{c}为杂波带宽;T为信号的时间长度;SCR_i为有效信杂比;β为弧度频率的中误差(RMS),它可由信号功率密度谱$W_{\mathrm{s}}(f)$表示:

$$\beta=2\pi\sqrt{\frac{\int_{-\infty}^{\infty}f^2 W_{\mathrm{s}}(f)\mathrm{d}f}{\int W_{\mathrm{s}}(f)\mathrm{d}f}} \tag{6.10}$$

对于一个矩形谱而言:

$$\beta=\frac{\pi}{\sqrt{3}}B_{\mathrm{s}} \tag{6.11}$$

式中:B_{s}为信号带宽,总量$B_{\mathrm{c}}T\mathrm{SCR}_i$可被视为有效信杂比的输出,因此式(6.9)可以表达为

$$\sigma=\frac{\sqrt{3}}{\pi B_{\mathrm{s}}}\frac{1}{\sqrt{\mathrm{SCR}_{\mathrm{o}}}} \tag{6.12}$$

因此,一个理想点目标不受普遍去相干因素(如时间基线、空间基线)的影响。从式(6.12)可以看出,信杂比越高,估算精度越高,分辨率像元表现为理想点目标的可能性越高。

理想点目标经过脉冲压缩后输出的是二维辛格(sinc)函数(Serafino,2006),可以通过计算主影像和二维冲激响应sinc函数的相关性来计算SCR,选取点目标。当信噪比/互相关性大于某一阈值,且为邻近像素中最大值时,可以被认为是点目标。

同时,它们之间的互相关性也可为候选点目标的幅度设置权重。这种方式可以有效地剔除由于透视收缩和旁瓣效应造成的具有高幅度值的伪点目标。也就是说,对于一个真正的点目标来说,与sinc函数相关性和幅度的乘积将远大于其他目标。

6.3.2　点目标偏移量分析技术

点目标提取和偏移量计算是点目标偏移量分析技术（point-like target offset tracking，PTOT）的两个主要处理步骤，而后者类似于常规偏移量分析技术，本节将重点介绍点目标提取相关策略。在点目标提取中，点目标数目和偏移量精度将通过自适应阈值达到平衡。由于估算窗口的减少，将大大减少计算量。当确定互相关峰值的位置时，可以采用更大的过采样倍数，进而提高位移估算精度。

针对点目标进行偏移量计算还曾被用于 SAR 数据集配准（Wang et al.，2014；Serafino，2006），但本节中点目标的选取不同于配准。对于配准而言，只需要少数像素的偏移量来收敛多项式映射函数。但是，当利用点目标的偏移量获取形变场时，需要平衡点目标的数目及偏移量的精度。

图 6.10 为点目标偏移量分析技术的具体处理流程，下面对几个关键步骤进行说明。

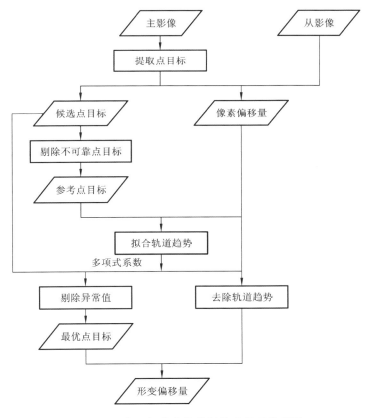

图 6.10　点目标偏移量分析技术处理流程图

在提取候选点目标前，需要设置模拟 sinc 函数窗口的大小。模拟窗口越小将导致更多数目的候选点目标，但是这些点目标的可靠性降低，这是因为小窗口情况下杂波相对越少（Serafino,2006）。在理想状况下,应该根据地物的属性及纹理特征选择不同的窗口大小。

为了保证点目标在整景影像中均匀合理的分布,本节在部分重叠的块中进行点目标提取,并且针对不同的数据块采用自适应阈值。若探测目标的幅度信息与模拟 sinc 函数的归一化相关性小于 0.4,则该目标将被直接剔除。而相关性和幅度的乘积大于一个自适应阈值的目标才可被认为是点目标,阈值是由该块中幅度的平均值及其标准差决定的。通过这种方式,如果某数据块中没有足够多的高幅度目标,阈值将自适应取小。也就是说,提取标准是由每个块中的影像特征决定的。然后,提取出来的点目标位置将作为后续偏移量计算的输入。

偏移量的计算方法类似于常规偏移量技术,即计算主从影像中对应窗口的相关性,具体细节请参考 6.1 节。需要注意的是,点目标的提取仅使用了一景影像（主影像）的幅度信息,受不断变化的地物散射特性和随机噪声的影响,不可靠的目标可能也入选为候选点目标。并且,剧烈形变有可能导致多项式系数误差。因此,使用所有候选点目标来拟合轨道趋势是存在问题的。采取的策略是通过一个二阶模型提取更可靠的参考点目标,它们将用于拟合轨道趋势部分的二次多项式系数,而计算出来的多项式系数将用于拟合全体候选点目标的轨道趋势。尽管参考点目标相对于候选点目标的数目有一定程度的减少,但足以使多项式模型收敛。值得注意的是,地震近场区域有较多的点目标被剔除,这是因为近场的剧烈形变使它们不能通过二阶模型检验,与笔者的期望一致。提取出的参考点目标仅用于拟合轨道趋势,而不用于提取最优点目标。

每个匹配估算窗口中沿方位向和距离向的相关性方差可用于评价匹配质量（Casu et al.,2011）。与此同时,相关性本身也能用于进一步提取最优点目标。不可靠的候选点目标的偏移量通常与其他点的差异过大,这种情况下,偏移量方差统计直方图有助于选取合适的阈值用于进一步剔点。提取出来的最优点目标,将用于计算三维形变场。

6.3.3　时间序列点目标偏移量分析技术

单一的雷达影像受到噪声影响,在识别的过程中容易产生伪点目标,在后续的计算中会增加计算量,因此首先利用时间基线、空间基线及多普勒偏移量等参数选取最优主影像,所有的从影像和主影像进行配准并重采样到主影像空间,这样就可以生成所有影像的平均幅度图。用时间维的平均幅度图更适合选取点目标候选点。

考虑到典型点目标的散射特性,本节将利用 hamming 窗口对 sinc 函数进行加权。而由于 TerraSAR-X 数据和 ENVISAT ASAR 数据在成像处理过程中采用的 hamming 窗口的权重不一样,在处理不同数据时采用不同的权重。然后计算平均幅度影像和加权之后的 sinc 函数之间的互相关系数,互相关系数小于 0.2 的目标点直接剔除。但是同时需要注意的是,在平均幅度图中仍然可以探测到伪点目标。因为平均幅度图中在水域中移动的船只以及在水陆交界处等有一些目标可能会被误认为点目标,这些伪点目标将在下一步中被剔除。

　　点目标候选点选择完成之后,所有的从影像和主影像就可以进行分别配准。通过计算主从影像之间的相关系数来挑选点目标。同时将互相关指数低于 0.4 的像素直接剔除以保证测量的可靠性。最后只保留出现在所有主从影像对的点目标进行最后的计算(图 6.11)。

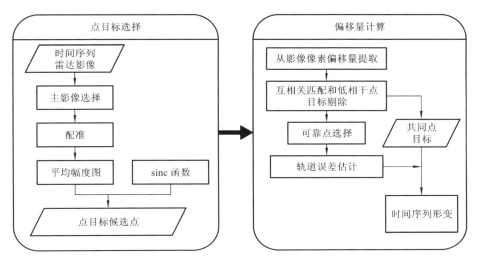

图 6.11　时间序列点目标偏移量分析技术流程图

6.4　基于 PTOT 方法的地震同震形变场提取

6.4.1　研究区简介

　　下加利福尼亚州是墨西哥西北部一州,位于加利福尼亚半岛北纬 28°以北地区。北接美国,包括太平洋中的瓜达卢佩岛、塞德罗斯岛等岛屿以及加利福尼亚湾的安赫尔-德拉瓜尔达岛;面积 4.24 万 km²,人口 4 012 万人(2013 年),首府墨西卡利;南部和西部多山地,两岸为狭窄的沿海平原,东北部为科罗拉多河冲积的三角洲。

　　2010 年 4 月 4 日,墨西哥北部下加利福尼亚地区发生了 M_w7.2 级 El Mayor-Cucapah 地震,震中位于 32.259°N,115.287°W,属于沿北美板块和太平洋板块的主要转换断层的浅源地震。此次地震是继 1992 年 M_w7.3 级 Landers 地震后,该地区 18 年来最强烈的一次地震。主震附近发育大量具有右旋走滑性质的活动断层且断裂复杂,其中包括 San Andreas 断层、Superstition Hills 断层、Imperial 断层、Elsinore 断层以及位于 Laguna Salada 断层北缘的子断层。研究区域地形复杂(西南部山区、中部平原及北部农田)。震中区域地形复杂,缺少 GPS 测量数据。在现有的研究中,LiDAR 和 D-InSAR 技术已被用于监测地表破裂情况以及农田附近广泛分布的液化区域(Oskin et al.,2012;Wei et al.,2011a)。加州理工学院(Caltech)的研究小组将常规偏移量分析技术用于处理 SAR 幅度影像和光学 SPOT 正射影像,同时结合大地测量技术,重建了断层几何及断层滑移模型(Wei et al.,2011b)。Indiviso 断层系统切断了科罗拉多三角洲区域的现代沉积物,该断层系统通过偏移量分析技术被首次发现,但是,地物目标没有经过进一步筛选,导致不可靠像素的偏移量也参与了模型的建立。另外,同震形变场的反演计算量极大,通常通过降采样技术减少参与反演的观测数目,因此没有必要获取非常多的观测值。

如图 6.12 所示,底图为地形坡度图,黑色虚线代表美国与墨西哥边境,黄色五角星为震中。彩色细线表示该地区历史第四纪断层带,黑色粗线表示 San Andreas 断层系统中三个滑移速率较快的断层(Laguna Salada 断层、Imperial 断层和 Cerro Prieto 断层),滑移速率为 $35\sim40$ mm/a。红色、蓝色方框分别表示降轨 ENVISAT ASAR 与升轨 ALOS PALSAR 数据的覆盖范围。绿色圆点标识了公共最优点目标的分布情况。红色圆点表示截至 2010 年 5 月 3 日大于 $M_w4.0$ 级的余震,其中小圆点代表 $M_w4.0\sim4.9$ 级余震,大圆点代表 $M_w5.0\sim5.9$ 级余震(数据来源于美国地质调查局和南加州地震中心)。截至 2010 年 5 月 3 日,从 Elsinore 断层南端到墨西哥湾北端的 120 km 区域共计发生了 784 次 3.0 级以上余震。有 6 次余震大于 5.0 级,其中 5 次发生在震中区域南部。余震的不对称空间分布表明该区多段断层的应力释放过程情况复杂。

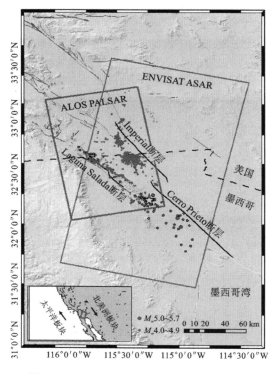

图 6.12   2012 El Mayor-Cucapah 地震格局

6.4.2   实验数据

本节采用的数据来源于 JAXA 提供的升轨 ALOS PALSAR 数据(中心经纬度为 115.67°W, 32.67°N)、ESA 提供的降轨 ENVISAT ASAR 数据(中心经纬度为 115.25°

W,32.50°N)。SAR 影像的基本信息参见表 6.1。由于从影像获取于地震发生后的第 28 天和第 30 天,最终形变场中包含部分余震引起的形变。

表 6.1　SAR 数据基本参数

传感器	获取日期	轨道号	轨道方向	时间基线/天	垂直基线/m
ENVISAT ASAR	2010/3/28 2010/5/2	084	降轨	35	−88
ALOS PALSAR	2009/12/17 2010/5/4	211	升轨	138	910

6.4.3　D-InSAR 技术测量结果

图 6.13 和图 6.14 分别为 PALSAR 和 ASAR 数据得到的缠绕差分干涉图,一个干涉条纹代表 LOS 向半波长(11.8 cm 和 2.8 cm)的形变量。底图为地形坡度图,主破裂区域严重去相干,引起条纹不连续与混叠,这将在一定程度上影响相位解缠,这种情况对于波长较短的 C 波段结果更为严重。同时,该地震带主要以右旋走滑运动为导向,即主要为水平运动,而雷达干涉测量仅能获取近似垂直的 LOS 向形变,不能敏感地获取主要形变信息。

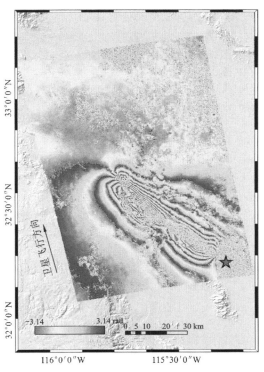

图 6.13　PALSAR 缠绕差分干涉图

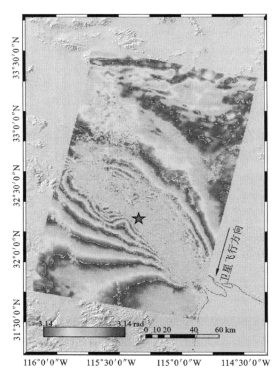

图 6.14　ASAR 缠绕差分干涉图

6.4.4　点目标偏移量测量结果与对比分析

使用本章提出的点目标偏移量分析技术提取 2010 年 M_w7.2 级 El Mayor-Cucapah 地震同震形变场时,在 ASAR 主影像(51 408×5 681)与 PALSAR 主影像(38 552×10 303)中分别提取了 141 146 和 198 608 个候选点目标。图 6.15 和图 6.16(a),(c)分别显示了方位向和距离向的偏移量,可以观察到明显的轨道趋势。

表 6.2　匹配数目统计

传感器	#候选匹配	#参考匹配	#最优匹配
ENVISAT ASAR	141 146	108 688	93 909
ALOS PALSAR	198 608	52 079	25 955

注:#表示数目

如图 6.17 和图 6.18,根据匹配估计窗口中方位向和距离向偏移量的方差分布情况,最大阈值分别设置为 0.004 和 0.001 5。

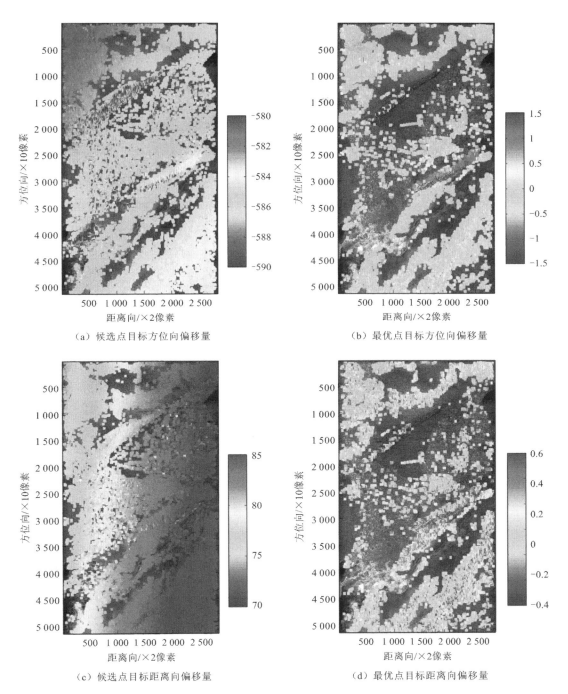

（a）候选点目标方位向偏移量　　　　　　　（b）最优点目标方位向偏移量

（c）候选点目标距离向偏移量　　　　　　　（d）最优点目标距离向偏移量

图 6.15　ASAR 方位向和距离向偏移量

雷达坐标系,色标单位 m

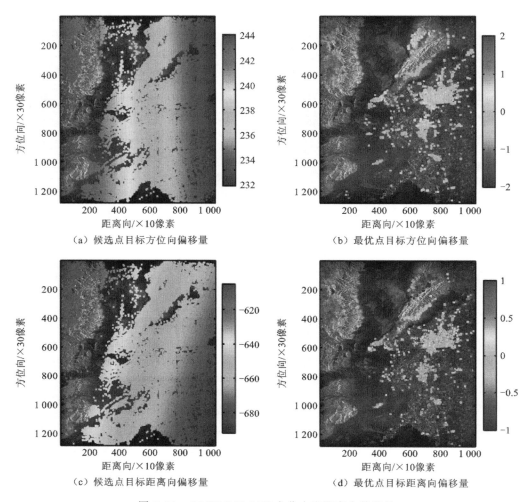

图 6.16 ALOS PALSAR 方位向和距离向偏移量

雷达坐标系，色标单位 m

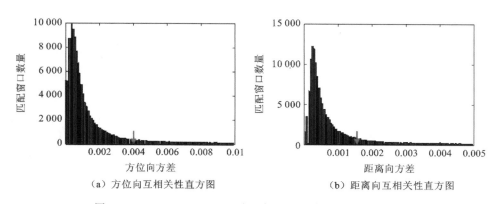

图 6.17 ENVISAT ASAR 点目标主从影像互相关性直方图

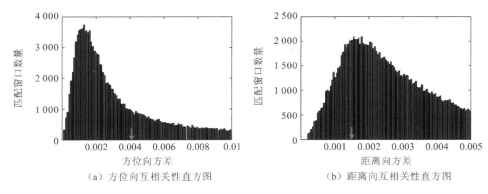

（a）方位向互相关性直方图　　　　　　　（b）距离向互相关性直方图

图 6.18　ALOS PALSAR 点目标主从影像互相关性直方图

如图 6.19 和图 6.20，（a）和（b）分别显示了 ENVISAT ASAR 和 ALOS PALSAR 数据通过方差阈值剔点前、后的主从匹配相关性直方图。一方面，说明偏移量方差的确可以作为一个有效选点指标；另一方面，也为进一步剔除异常值提供了思路，即可以通过设置相关性大于或等于 0.45 的像素来进一步选取最优点目标。图 6.15 和图 6.16，（b）和（d）分别显示了 93 909 个最优点目标在方位向和距离向的偏移。可以观察到，方位向偏移形变场在主破裂处存在明显的不连续性，但由于距离向像素更大，主破裂的偏移形变场显得更为平滑，并且断层两侧均沿着这两个方位向相反的方向运动。需要注意的是，图 6.16(a)～(d)和图 6.17 均在雷达坐标系下。主破裂的西北端位于 32°37′N 和 115°45′W，向东南约 60 km 延伸，该观测结果与野外测量结果一致。

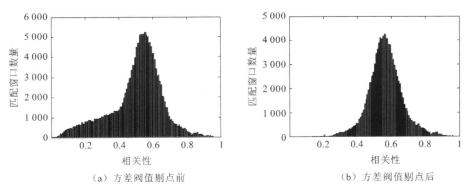

（a）方差阈值剔点前　　　　　　　　　　（b）方差阈值剔点后

图 6.19　ENVISAT ASAR 通过方差阈值剔点前和剔点后的主从匹配相关性直方图

如图 6.15，点目标在震中主破裂、北部植被覆盖区以及位于震中东南和 Cerro Prieto 断层之间的液化区域分布稀疏，甚至不存在（注意与图 6.16 的轨道方向相反，所以在雷达坐标系中地物位置不一致）。位于震中东北部 Imperial 山谷的 Algodones 沙丘地区存在与主破裂处不一致的异常偏移量。据了解，该地区在已发表的文献中进行了掩膜处理，未曾被讨论。根据相干图和幅度图，沙丘区域呈现完全去相干，但沿东西向存在条带状的强散射的像素，这种现象是由山谷中的风流引起。Algodones 沙丘地区的异常现象可能是沙丘迁移、海洋风、压力、地震等综合因素导致。由于沙丘形状的特殊性，往往可以探测

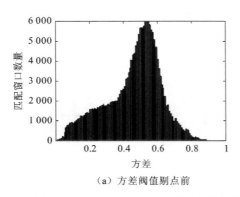
（a）方差阈值剔点前

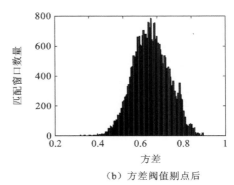
（b）方差阈值剔点后

图 6.20　ALOS PALSAR 通过方差阈值剔点前和剔点后的主从匹配相关性直方图

到具有强烈后向散射强度的点目标,本书的方法在沙丘运动的研究中具有极大潜力。

　　为了证明方法的改进,下面以 ENVISAT ASAR 数据为例,从匹配数目和质量两个方面比较了点目标偏移量分析技术与常规技术获取的降采样结果。见表 6.3,为了尽可能地模拟常规技术,本节对这两种技术选取了近似的匹配窗口数目(大约 141 140)相同的剔点阈值。这意味着对于常规技术而言,选点间隔在方位向与距离向分别为大约 100 个和 20 个像素。常规偏移量分析技术与基于点目标的偏移量分析技术所获取的最优匹配数目相对初始匹配数目分别下降了约 72.4% 和 33.5%,可见常规技术中大部分的匹配都是无效的。

表 6.3　匹配数目的比较

分析技术	#候选匹配	#参考匹配	#最优匹配
常规偏移量分析技术	141 135	107 094	38 945
点目标偏移量分析技术	141 146	108 688	93 909

注:#表示数目

　　尽管最优匹配的数目比初始匹配少,但是在地学解译中,通常需要进行降采样处理(Jonsson,2002),而剩余匹配数目足够用于降采样。图 6.21(a)和(b)显示了常规偏移量分析技术和点目标偏移量分析技术得到的每个网格(5 km×5 km)中最优匹配的数目。这两种技术是基于近似数目的初始匹配,所获取最优匹配的分布是一致的。从图 6.21 可以看出,点目标偏移量分析技术获取的最优匹配远大于常规偏移量分析技术。

　　需要注意的是,在本书实验中互相关算法使用了两次:第一次通过计算主影像与 sinc 函数互相关性、设定自适应阈值来选取点目标;第二次通过计算主从影像对应匹配窗口的互相关性来获取像素偏移量。在匹配目标数目一致的情况下,图 6.22 表明了标准偏移量分析技术和点目标偏移量分析技术中主从影像匹配目标的互相关性的比较结果。点目标偏移量分析技术的统计结果中使用的是初始候选点目标,也就是说,这些点目标的提取仅使用了与 sinc 函数的互相关性,而并没有使用主从影像匹配目标的互相关性。互相关性值越大,说明互相关表面峰值越明显,偏移量的估计越精确。如图 6.22 所示,常规偏移量

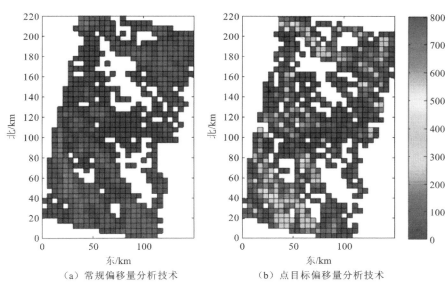

（a）常规偏移量分析技术　　　　（b）点目标偏移量分析技术

图 6.21　最优匹配数目的比较

分析技术中互相关性基本均匀分布在 0.2～0.5,然而点目标偏移量分析技术在接近 0.55 处达到明显峰值,表明较高的互相关性的测量值增多,即结果更精确。说明点目标偏移量分析技术能显著提升高精度匹配窗口的数目。

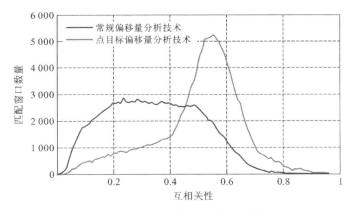

图 6.22　主从影像互相关性比较

6.5　基于时序 PTOT 方法的三峡树坪滑坡形变监测

6.5.1　实验区和实验数据

树坪滑坡是一个位于长江南岸的古滑坡体,距三峡大坝约 47 km。它是一个南北朝向的滑坡,坡度为 20°～30°(图 6.23)。滑坡总体积约为 2.36×10^7 m³,滑动体厚度为 40～70 m,主要由三叠系巴东组组成。根据地质调查,巴东组地层容易发育大型滑坡以及结构较为松散的结构（Wang et al.，2009）。

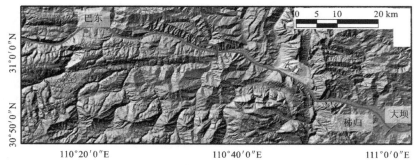

（a）树坪实验区地理位置

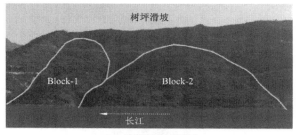

（b）树坪滑坡实景照片

图 6.23　树坪实验区地理位置及树坪滑坡照片（Wang et al.，2008）

　　树坪滑坡体与长江水位的变化相互作用，并于 2003 年三峡库区第一次蓄水之后复活。树坪地区的 GPS 及伸缩计的历史数据表明树坪滑坡的形变主要发生在库区水位下降时期，并且形变主要集中在树坪滑坡的东侧（Wang et al.，2008）。

　　本章收集了 34 幅条带模式和 36 幅高分辨率聚束模式的覆盖树坪地区的 TerraSAR-X 数据。数据的时间分布以及数据覆盖时间段内三峡库区水位的波动信息如图 6.24 所示。两个数据集的基本信息见表 6.4。两种模式数据虽然都是降轨获取，但是采用了不同的入射角，聚束模式采用了更大的入射角。

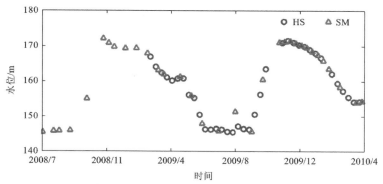

图 6.24　TerraSAR-X 聚束模式（HS）和条带模式（SM）数据
时间分布以及相对应的三峡库区上游水位

表 6.4　TerraSAR-X 数据集基本参数

参数	条带模式	聚束模式
轨道方向	降轨	降轨
视角/(°)	24	39
飞行方向/(°)	190.7	189.6
极化方式	VV	HH
方位向采样间隔/m	1.96	0.87
距离向采样间隔/m	0.91	0.45

　　通过使用相关性最大化方法,本节选取 2009 年 11 月 17 日获取的影像作为条带模式数据集主影像,2009 年 7 月 4 日获取的影像作为聚束模式数据集的主影像,两个数据集中的影像分别与两个主影像进行匹配。此外,为了能让两个数据集获取的时间序列形变数据之间进行比较,将条带模式主影像形变设置为 0,同时将与条带模式主影像日期距离最近的 2009 年 11 月 12 日聚束模式影像作为零参考。两幅影像之间获取的时间间隔相差 5 天,并且这个时间段内水位稳定降雨较少,因此假设滑坡在这段时间内稳定。基于这个假设,树坪滑坡所有的时间序列位移都是与零参考之间的相对值。

　　2000 年之后,三峡的很多滑坡上安装了角反射器来辅助 InSAR 方法进行干涉测量(Xia,2010;Xia et al.,2004),在树坪滑坡及其周围总共识别出 18 个角反射器。这些角反射器具有稳定的强散射可以在雷达影像中清晰地识别出来,角反射器在两幅影像中的位置如图 6.25 所示。值得注意的是,图 6.25 中由黄圈标出的 4 个角反射器(CR8、CR13、CR16 和 CR18)只出现在 2009 年 1 月 24 日之后获取的影像中,这可能由于后期安装或者方向调整。另外,位于树坪滑坡外的角反射器 CR12 作为校准点对其余角反射器测量值做校准来消除系统偏差。

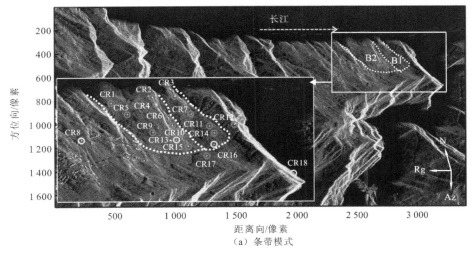

（a）条带模式

图 6.25　条带模式和聚束模式数据集平均幅度图
白色虚线表示树坪滑坡的边界,箭头 Rg、Az、N 分别表示雷达方位向、距离向以及正北方向,
B1 和 B2 表示图 6.23 中的 Block-1 和 Block-2

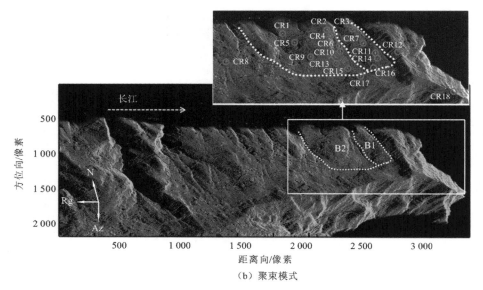

（b）聚束模式

图 6.25　条带模式和聚束模式数据集平均幅度图（续）

白色虚线表示树坪滑坡的边界，箭头 Rg、Az、N 分别表示雷达方位向、距离向以及正北方向，

B1 和 B2 表示图 6.23 中的 Block-1 和 Block-2

6.5.2　滑坡体表面累积形变提取

利用 6.1 节中的方法，本节用条带模式和聚束模式数据测量，得到树坪滑坡的方位向和距离向累积形变（图 6.26）。正值表示形变在距离向远离传感器，在方位向与飞行方向一致。

由于实验区植被覆盖茂密，研究区域周围只检测到少量点目标。树坪滑坡上只检测到了角反射器，滑坡外围主要检测到了房屋之类的点目标。因此，在下面的分析中，首先利用所有的点对形变模式进行调查，然后利用安装在树坪滑坡及周围的角反射器分析滑坡的形变时间演化规律。

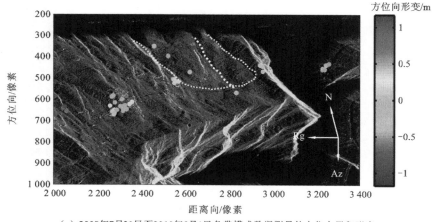

（a）2008年7月21日至2010年5月1日条带模式数据测量的方位向累积形变

图 6.26　条带模式和聚束模式数据累积形变

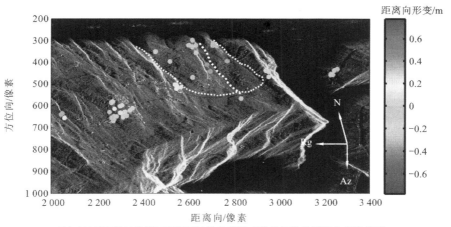

（b）2008年7月21日至2010年5月1日条带模式数据测量的距离向累积形变

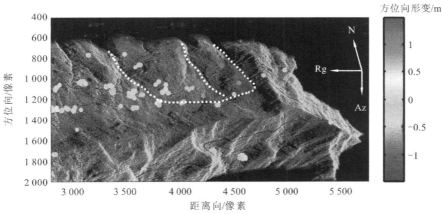

（c）2009年2月21日至2010年4月15日聚束模式数据测量的方位向累积形变

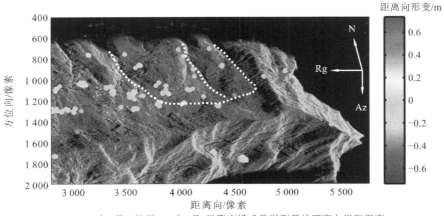

（d）2009年2月21日至2010年4月5日聚束模式数据测量的距离向累积形变

图 6.26　条带模式和聚束模式数据累积形变（续）

从图 6.25 中可以看到,树坪滑坡根据地貌可以分为两个部分:位于东侧的 Block-1 和位于西侧的 Block-2。根据图 6.26(a)和(b)条带模式数据的测量结果可以看出,滑坡 的顶部形变最为严重,在接近两年的时间里方位向和距离向的形变分别达到了 1 m 和 0.7 m。而且还可以发现 Block-1 和 Block-2 形变的空间分布存在差别。Block-1 的方位 向形变分布比较均匀,形变量级都在 1m 左右,向长江方向滑动。相比之下,Block-1 的距 离向形变主要集中在滑坡上方,下方相对稳定。相对于 Block-1 来说,Block-2 只有在与 Block-1 相邻的东侧区域不稳定,而 Block-2 西侧处于稳定状态。此外,Block-2 的东侧形 变模式和 Block-1 一样,可能意味着这两个区域之间有着类似的形变机制。

根据图 6.26(c)和(d)聚束模式数据测量的方位向和距离向累积形变,可以发现由于 聚束模式分辨率更高且采用了更大的入射角,聚束模式发现的点目标比条带模式多。点 目标密度的提高有利于获取更加详细的信息。例如,除了树坪滑坡体外,其余区域整体呈 现稳定趋势。另外,虽然两个数据集的观测时间段存在差异且视角不同,但是两个数据集 观测到的形变模式一致性非常高。

6.5.3 滑坡表面形变时空格局分析

本节首先利用分布在树坪滑坡周围的稳定角反射器的时间序列形变对点目标偏移量 分析技术的有效性进行评估,并对聚束模式和条带模式获取的数据进行交叉比较。然后, 将聚束模式和条带模式得到的,分布在滑坡体上的 14 个角反射器形变模式进行分析。

图 6.27 给出的是安装在树坪滑坡周围的 3 个角反射器的方位向和距离向时间序列 形变。表 6.5 给出了相应的平均值和标准差数据,所有的统计数字都接近 0,表现出这 4 个角反射器在长达两年的时间里非常稳定。时间序列上的波动可能是真实的形变或者匹 配误差造成的。

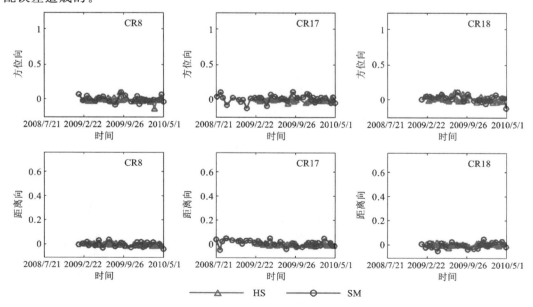

图 6.27 树坪滑坡体外角反射器时间序列形变(单位:m)

表 6.5　树坪滑坡外角反射器形变数据　　　　　　　　（单位：m）

| 角反射器 | 高分辨率聚束模式 | | | | 条带模式 | | | |
| | 方位向 | | 距离向 | | 方位向 | | 距离向 | |
	平均值	标准差	平均值	标准差	平均值	标准差	平均值	标准差
CR8	−0.019	0.033	−0.008	0.007	0.007	0.053	−0.003	0.019
CR17	−0.015	0.021	−0.004	0.006	0.010	0.049	0.006	0.024
CR18	0.002	0.038	−0.008	0.009	0.012	0.046	−0.003	0.023

从图 6.27 及表 6.5 可以看出，聚束模式测量值的标准差要明显小于条带模式数据的测量值。这可能是两种数据在分辨率之间的差异导致的。另外，不管是条带模式数据测量值还是聚束模式测量值，每个角反射器上方位向的标准差都要大于距离向。一方面，可能是由于树坪滑坡是南北向的，因此方位向更容易探测到形变。另一方面，这个结果表明方位向对形变的敏感度较低。

其他 14 个角反射器的方位向和距离向时间序列形变分别由图 6.28 和图 6.29 给出。总的来说，聚束模式和条带模式测得的所有角反射器的形变趋势一致。大部分角反射器在 2008 年 7 月至 2009 年 6 月经历了不同程度的形变，说明这段时间内树坪滑坡经历了活跃的非线性形变。导致滑坡形变的机理将在 6.5.4 节进行详细的讨论。

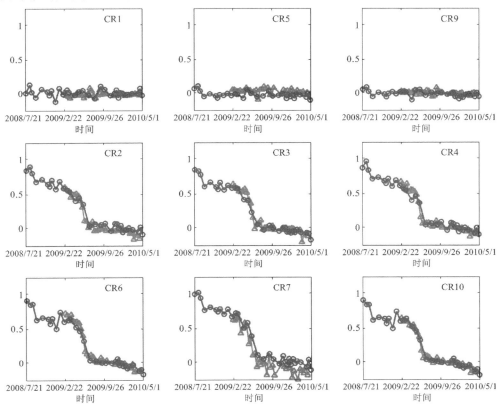

图 6.28　树坪滑坡角反射器方位向时间序列形变（单位：m）

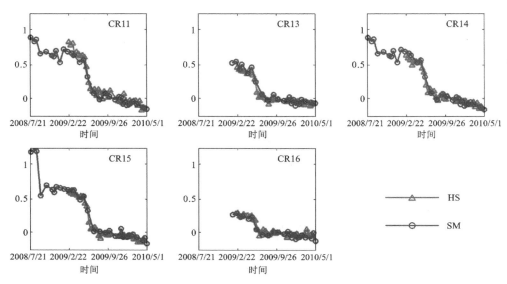

图 6.28　树坪滑坡角反射器方位向时间序列形变（单位：m）（续）

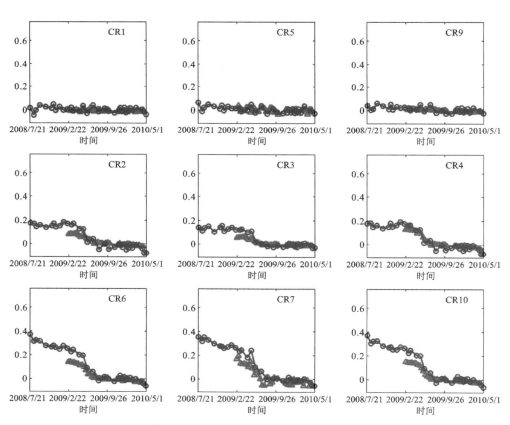

图 6.29　树坪滑坡角反射器距离向时间序列形变（单位：m）

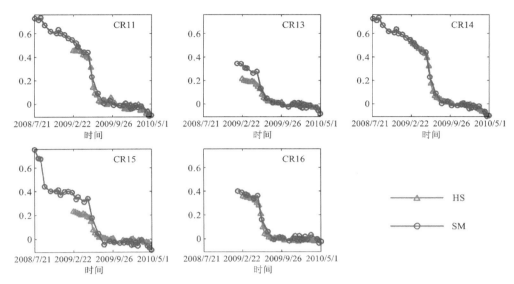

图 6.29　树坪滑坡角反射器距离向时间序列形变(单位:m)(续)

根据角反射器的位置和位移的演化模式,大致将角反射器分为 3 组。第一组称为组 A,主要包括位于 Block-2 西侧的 CR1、CR5 和 CR9。

组 A 中的角反射器形变都不超过 0.1 m,在整个观测区间内没有明显的波动。因此,认为 Block-2 的西侧一直处于稳定状态。

第二个角反射器组,称为组 B,主要包括位于 Block-2 的东侧 CR2、CR4、CR6 和 CR10,以及位于 Block-1 上的 CR3、CR7。剩下的位于 Block-1 上方的 CR11、CR14、CR16,以及位于 Block-2 上方的 CR13 和 CR15 的角反射器为组 C。从图 6.28 可以看到组 B 和组 C 内的角反射器的方位向形变具有相同的形变模式。2009 年 7 月之前最大的形变可以达到 1 m,最剧烈的形变发生在 2009 年 4～6 月,量级达到 0.5 m。而在 2009 年 7 月至 2010 年 5 月条带式数据集测量的角反射器形变相对稳定,形变值较小。但是在同一时期,高分辨率聚束模式数据的观测值起伏要比条带模式的大。造成这种差异的原因有可能是聚束模式数据分辨率更高,对微小形变更为敏感。

同样可以在这两组角反射器的距离向时间序列形变上观测到 2009 年 4～6 月与方位向类似的突变。在图 6.29 距离向时间序列形变中发现位于树坪滑坡顶部的组 C 里的角反射器在 2009 年 4 月之前发生了比较大的形变,可达 0.4 m。而这个时间段内,分布在滑坡中间部分的 CR6、CR7 和 CR10 形变比顶部稍小。而同时滑坡底部的 CR2、CR3 和 CR4 稍微有起伏,但整体较为稳定。考虑到滑坡的坡向和卫星视线向之间的关系,这种位移的空间分布在很大程度上揭示了滑坡变形的垂直剖面。

此外,聚束模式和条带模式观测值之间的距离向观测值也有不一致的地方,如 2009 年 2～6 月的 CR6 等角反射器。这主要是聚束模式数据和条带模式数据具有不同的入射角导致的。可以利用这两种数据在入射角方面的差异来进行三维形变提取,具体将在第 7 章进行分析。

6.5.4 滑坡变形影响因素分析

研究表明,库区水位变化是三峡滑坡变形的主要影响因素之一(Shi et al.,2016;2015;2014;Miao et al.,2014)。在之前的研究中,Liao 等(2012)利用差分干涉测量得到的滑坡形变和三峡水位变化进行了初步的相关性分析。因为树坪滑坡的形变主要集中在方位向,本节对利用点目标偏移量分析技术获取的方位向形变与水位进行相关性分析。图 6.30 给出了位于滑坡底部的 CR2 和顶部的 CR14 两个角反射器的时间序列形变与水位波动之间的关系。

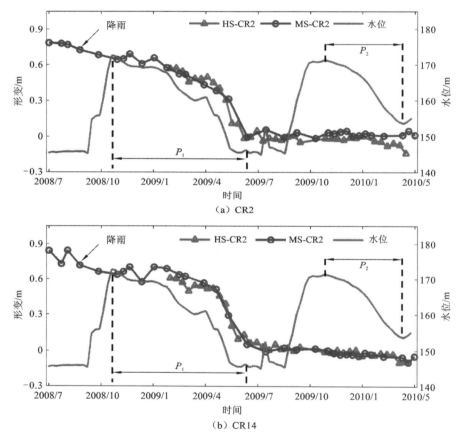

图 6.30 CR2 和 CR14 方位向形变与三峡水位变化之间的关系

在进行水位变化和滑坡形变之间相关性分析之前,首先研究一下强降雨对滑坡稳定性的影响。2008 年 9 月,水位还稳定在 145 m,但此时滑坡在三峡蓄水前就已经发生了形变。这个形变应该是 2008 年 8 月底超过 200 mm 的强降雨导致的。值得一提的是,2008 年 8 月 30 日,离树坪滑坡约 4 km 的沙镇溪镇香山路由于强降雨发生滑坡(Miao et al.,2014)。

图 6.30 给出了在雷达影像时间覆盖范围内三峡上游水位的变化。此时间段内有两次水位周期对应三峡库区的蓄水泄水操作。三峡库区水位的常规操作一般是从 9 月的

145 m升至11月的175 m,然后在6月降回145 m。由图6.30可以看出,滑坡上的两个角反射器方位向在2008年11月至2009年6月(图6.30中P_1)发生了0.6 m的形变。相比之下,在2009年11月至2010年5月(图6.30中P_2)虽然三峡水位下降了15 m,但是两个角反射器上只发生了很小的形变。

从上面的分析可以得出以下结论:①树坪滑坡的形变和三峡的水位下降有很高的相关性。在三峡库区水位上升过程中,树坪滑坡较为稳定。换言之,水库水位的快速下降是导致滑坡变形的关键因素。②在第一次水位下降时,滑坡出现显著形变。但是第二次水位下降过程中,树坪滑坡的形变要小很多,这可能与两次水位下降的速率有关。有研究表明,对于位于水库岸边的滑坡,坡体的形变与水位的变化速率有很高的相关性(Paronuzzi et al.,2013)。对于树坪滑坡而言,两个时间段内存在水位速率变化的差异。但是这一结论需要经过进一步分析。③相比于条带模式数据,高分辨率聚束模式数据对微小形变更为敏感,如聚束模式数据在CR2上探测到P_2时间段内的形变而条带模式数据没有探测到。

为了进一步了解滑坡形变随库水位变化的演化情况,需要探索水位和滑坡之间的相互作用与机理(图6.31)。图6.31中w_i和u_i($i=1,2,3,4,5$)表示库水位和地下水位,w_p表示水压差。

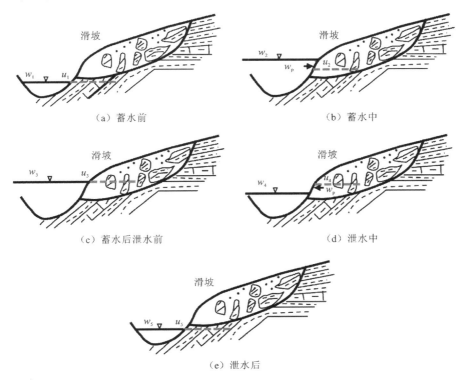

图6.31　水位和滑坡之间相互作用关系图

图6.31(a)中水位处于稳定的情况,只要没有降雨或地震等其他影响因素,滑坡将保持稳

定。由于蓄水导致水位上升,滑坡外水压高于滑坡内部,形成向内的压力差(图6.31(b)),这种压力差有助于滑坡保持稳定。随着库水向滑坡内渗透,最终达到滑坡内外水位平衡,如图6.31(c)所示。但是当水位快速下降时,这种平衡会被打破,从而导致滑坡内水压高于滑坡外部,产生向外的压力差对滑坡稳定性产生危害,如图6.31(d)所示。当滑坡内地下水位下降到与库水位相同时才又重新达到平衡,如图6.31(e)所示。

总之,水库周期性水位变化会周期性地对滑坡稳定性产生影响,水位快速下降时期对滑坡的稳定性危害最大,水位的下降速度对于形变的大小可以产生直接的影响。

6.6　本章小结

滑坡变形监测是一项非常重要的任务。虽然差分干涉测量和时间序列InSAR方法应用于滑坡变形监测取得了非常多的成功案例,但是因为受到去相干和大气的影响,阻碍了这些方法的应用。而且,因为快速滑坡形变梯度太大超出了差分干涉测量的探测能力,需要发展一种替代算法来准确地得到滑坡形变。常规偏移量分析技术与本章提出的点目标偏移量分析技术都能监测快速形变滑坡,这两种技术已成功地应用于拉西瓦果卜岸坡和三峡树坪滑坡形变监测。

参 考 文 献

王军,2011. 黄河拉西瓦水电站坝前右岸果卜岸坡变形演化机制研究. 成都:成都理工大学.

王腾,2006. 外部DEM辅助下的星载InSAR DEM生成技术研究. 武汉:武汉大学.

BAMLER R, EINEDER M, 2005. Accuracy of differential shift estimation by correlation and split-bandwidth interferometry for wideband and delta-k SAR systems. IEEE Geoscience and Remote Sensing Letters, 2(2):151-155.

CASU F, MANCONI A, PEPE A, et al., 2011. Deformation time-series generation in areas characterized by large displacement dynamics: The SAR amplitude pixel-offset SBAS technique. IEEE Transactions on Geoscience and Remote Sensing, 49(7):2752-2763.

CURLANDER J C, 1982. Location of spaceborne sar imagery. IEEE Transactions on Geoscience and Remote Sensing, GE-20(3):359-364.

DE LANGE R, LUCKMAN A, MURRAY T, 2007. Improvement of satellite radar feature tracking for ice velocity derivation by spatial frequency filtering. IEEE Transactions on Geoscience and Remote Sensing, 45(7):2309-2318.

FREEMAN A, 1992. SAR calibration: An overview. IEEE Transactions on Geoscience and Remote Sensing, 30(6):1107-1121.

HANSSEN R F, 2001. Radar Interferometry: Data Interpretation and Error Analysis. Dordrecht: Kluwer Academic Publishers.

JóNSSON S, ZEBKER H, AMELUNG F, 2005. On trapdoor faulting at Sierra Negra volcano, Galapagos. Journal of Volcanology and Geothermal Research, 144(1-4):59-71.

JONSSON S, 2002. Modeling volcano and earthquake deformation from satellite radar interferometric observations. Stanford: Stanford University.

LIAO M S,TANG J,WANG T,et al.,2012. Landslide monitoring with high-resolution SAR data in the Three Gorges region. Science China Earth Sciences,55(4):590-601.

MIAO H,WANG G,YIN K,et al.,2014. Mechanism of the slow-moving landslides in Jurassic red-strata in the Three Gorges Reservoir,China. Engineering Geology,171(8):59-69.

OSKIN M E,ARROWSMITH J R,CORONA A H,et al.,2012. Near-field deformation from the El Mayor-Cucapah earthquake revealed by differential LIDAR. Science,335(6069):702-705.

PARONUZZI P,RIGO E,BOLLA A,2013. Influence of filling-drawdown cycles of the Vajont reservoir on Mt. Toc slope stability. Geomorphology,191(5):75-93.

SERAFINO F,2006. SAR image coregistration based on isolated point scatterers. IEEE Geoscience and Remote Sensing Letters,3(3):354-358.

SHI X,ZHANG L,LIAO M S,et al.,2014. Deformation monitoring of slow-moving landslide with L-and C-band SAR interferometry. Remote Sensing Letters,5(11):951-960.

SHI X,ZHANG L,BALZ T,et al.,2015. Landslide deformation monitoring using point-like target offset tracking with multi-mode high-resolution TerraSAR-X data. ISPRS Journal of Photogrammetry and Remote Sensing,105:128-140.

SHI X,LIAO M S,LI M,et al.,2016. Wide-area landslide deformation mapping with multi-path ALOS PALSAR data stacks:A case study of Three Gorges Area,China. Remote Sensing,8(2):136.

SIMONS M,FIALKO Y,RIVERA L,2002. Coseismic deformation from the 1999 Mw 7. 1 Hector Mine, California,earthquake as inferred from InSAR and GPS observations. Bulletin of the Seismological Society of America,92(4):1390-1402.

STEIN S,1981. Algorithms for ambiguity function processing. IEEE Transactions on Acoustics,Speech, and Signal Processing,29(3):588-599.

STROZZI T,LUNKMAN A,MURRAY T,et al.,2002. Glacier motion estimation using SAR offset-tracking procedures. IEEE Transactions on Geoscience and Remote Sensing,40(11):2384-2391.

WANG F,ZHANG Y,HUO Z,et al.,2008. Movement of the shuping landslide in the first four years after the initial impoundment of the Three Gorges Dam Reservoir,China. Landslides,5(3):321-329.

WANG F,LI T,2009. Landslide Disaster Mitigation in Three Gorges Reservoir,China. Berlin:Springer: 184-185.

WANG T,JONSSON S,HANSSEN R F,2014. Improved SAR image coregistration using pixel-offset series. IEEE Geoscience and Remote Sensing Letters,11(9):1465-1469.

WEI M,SANDWELL D,FIALKO Y,et al.,2011a. Slip on faults in the Imperial Valley triggered by the 4 April 2010 Mw 7. 2 El Mayor-Cucapah earthquake revealed by InSAR. Geophysical Research Letters,38(1):302-312.

WEI S,FIEDING E,LEPRINCE S,et al.,2011b. Superficial simplicity of the 2010 El Mayor-Cucapah earthquake of Baja California in Mexico. Nature Geoscience,4(9):615-618.

XIA Y,KAUFMANN H,GUO X F,2004. Landslide monitoring in the Three Gorges area using D-InSAR and corner reflectors. Photogrammetric Engineering and Remote Sensing,70(10):1167-1172.

XIA Y,2010. Synthetic Aperture radar interferometry//Xu G. Sciences of Geodesy-I. Berlin:Springer: 415-474.

ZHANG D,WANG G,YANG T,et al.,2013. Satellite remote sensing-based detection of the deformation of a reservoir bank slope in Laxiwa Hydropower Station,China. Landslides,10(2):231-238.

第 **7** 章

滑坡体时序三维形变反演

　　InSAR 只能提取视线向的一维形变,而点目标偏移量分析技术虽然可以得到方位向和距离向的二维形变,但是并不能直观地反映地面目标形变的真实位移。因此,如何利用雷达影像提取地表三维形变一直是人们研究的热点。星载雷达通常是在近极地太阳同步轨道卫星运行,可从不同的轨道方向,对同一地区进行观测,获取升降轨雷达影像。一般情况下,利用升降轨雷达数据对形变敏感性的差异可以获取地表的真实三维形变。本章阐述三维形变提取的主要策略,并首次尝试利用两个不同视角降轨数据对形变的敏感度差异提取三维形变。并将提出的方法应用于三峡树坪滑坡三维形变提取。根据三峡树坪滑坡阶段性形变特点,将提取的方位向和距离向形变进行三次样条插值,最终得到时间序列三维形变。

7.1 三维形变提取方法概述

自从 InSAR 成功测量 Landers 地震产生的地表变化,雷达影像已经被广泛地用于地震、火山、滑坡等引起的地表形变测量中。为了更直观地反映地形的形变,众多学者一直致力于采用各种方法提取地表的三维形变。由于雷达视线向对垂直方向和东西方向形变较为敏感,方位向对南北方向形变较为敏感。目前提出的三维形变的解算方案主要包括利用升降轨的观测或者利用 InSAR 加辅助资料等联合提取三维形变。本节将简要介绍常见的三维形变提取方法。

利用雷达影像进行三维形变提取最早的策略是利用升降轨的 D-InSAR 和 POT 结合。这种方法可以提取 4 个升降轨数据的方位向和距离向形变,利用 4 个观测量提取三维。由于 POT 精度比 D-InSAR 低,因此提取的南北向形变一般精度较低,在地震和冰川等三维形变提取中较为常用(Michel et al.,1999;Hu et al.,2014;Gray et al.,2005)。

由于 POT 在方位向精度较低,Bechor 等(2006)提出了一种多孔径干涉测量技术,利用对形变更敏感的相位信息测量方位向形变。随后学者用 MAI 代替 POT 获取方位向形变,联合 D-InSAR 提取三维形变(Hu et al.,2012,2014;Jung et al.,2011)。在这种方案中,D-InSAR 和 MAI 对相干性的依赖性都比较高,对于去相干区域适用性较低。

在相干性较低的区域,D-InSAR 和 MAI 的适用性较低,从而会导致解缠误差。POT 不受去相干的影响,可以提取方位向和距离向的二维形变,因此在很多情况下,POT 也经常被用来提取升降轨干涉对方位向和距离向的形变,进而提取地表三维形变(Avouac et al.,2015;Wang et al.,2015)。

多个观测角度的 D-InSAR 干涉也被用来提取三维形变,这种技术主要利用了视线向观测量(Wright et al.,2004)。由于视线向对于南北向形变不敏感,因此在南北向形变提取的精度比较低。有些学者甚至假设直接忽略南北向形变,只提取垂直方向和东西方向的形变(Ng et al.,2011)。

D-InSAR 和 GPS 结合也可以提取出地表三维形变。GPS 点密度较为稀疏但是时间采样率高,D-InSAR 技术空间分辨率高但是时间采样稀疏。因此 D-InSAR 和 GPS 结合就可以充分利用二者的优点(Samsonov et al.,2006)。除了上述情况,学者经常做一些合理的假设或者结合先验信息来提取地表的三维形变。例如,在提取冰川形变时,大多数情况下假设在垂直方向没有形变,分别提取东西方向和南北方向的形变(Li et al.,2014)。

7.2 多视角 SAR 数据联合反演树坪滑坡累积三维形变

在第 6 章中,利用一个降轨的 TerraSAR-X 条带模式数据集和一个降轨的 TerraSAR-X 聚束模式数据集获取到了树坪滑坡方位向和距离向形变。两个数据集的基本信息见第 6 章图 6.24 和表 6.4,2009 年 2 月到 2010 年 4 月在获取时间上具有重叠。在进行两种数据集测量结果交叉对比时,发现两种数据集在距离向之间的结果存在偏差。笔者认为这种差异主要是两个数据集不同的观测视角造成的(图 7.1)。那么是否可以利用两种数据之间不同的观测角度进行三维形变提取呢？

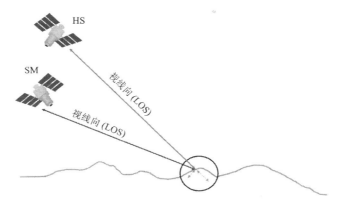

图 7.1　TerraSAR-X 聚束模式(HS)和条带模式(SM)观测几何差异示意图

在进行三维形变提取之前，先回顾一下雷达的成像几何。点目标偏移量分析技术获取的距离向和方位向形变都是真实三维形变在两个方向上的投影，它们之间的关系可以用式(7.1)表示。

$$\begin{cases} D_N\sin\alpha\sin\theta - D_E\cos\alpha\sin\theta + D_V\cos\theta = d_{rg} + \delta_{rg} \\ D_N\cos\alpha + D_E\sin\alpha = d_{az} + \delta_{az} \end{cases} \quad (7.1)$$

式中：D_N、D_E 和 D_V 分别为真实三维形变中的北方向、东方向和垂直方向形变；α 和 θ 分别为平台的飞行方向和名义入射角；d_{rg} 和 d_{az} 为距离向和方位向形变测量值；δ_{rg} 和 δ_{az} 为距离向和方位向测量误差。

通过结合每个角反射器上聚束模式和条带模式数据的测量值，可以建立 4 个方程求解 D_N、D_E 和 D_V 未知量。聚束模式和条带模式的测量值和未知量之间的关系可以用式(7.2)表达。

$$\Delta = AX - B \quad (7.2)$$

其中设计矩阵 A 的形式为

$$A = \begin{bmatrix} \sin\alpha^{HS}\sin\theta^{HS} & -\cos\alpha^{HS}\sin\theta^{HS} & \cos\theta^{HS} \\ \cos\alpha^{HS} & \sin\alpha^{HS} & 0 \\ \sin\alpha^{SM}\sin\theta^{SM} & -\cos\alpha^{SM}\sin\theta^{SM} & \cos\theta^{SM} \\ \cos\alpha^{SM} & \sin\alpha^{SM} & 0 \end{bmatrix} \quad (7.3)$$

X 为待求解的三维形变列向量。B 为观测值组成的列向量。

$$X = \begin{bmatrix} D_N & D_E & D_V \end{bmatrix}^T \quad (7.4)$$

$$B = \begin{bmatrix} d_{rg}^{HS} & d_{az}^{HS} & d_{rg}^{SM} & d_{az}^{SM} \end{bmatrix}^T \quad (7.5)$$

Δ 为使观测误差最小时的残差。

$$\Delta = \begin{bmatrix} \delta_{rg}^{HS} & \delta_{az}^{HS} & \delta_{rg}^{SM} & \delta_{az}^{SM} \end{bmatrix}^T \quad (7.6)$$

式(7.3)～式(7.6)中 HS 和 SM 分别表示聚束模式和条带模式数据。式(7.2)最终的解可以通过最小二乘法获得。

$$X = (A^T A)^{-1} A^T B \quad (7.7)$$

树坪滑坡上点目标的典型设计矩阵 A(以角反射器 CR13 为例)可以表示为式(7.8)。

通过式(7.8)可以发现,距离向对于垂直方向和东西方向形变敏感,而方位向对于南北方向形变敏感。另外,两种数据相比发现,聚束模式的距离向测量值对东西方向形变更为敏感。条带模式数据对垂直方向形变更为敏感。根据树坪滑坡的地貌,可以合理地推断树坪滑坡的主要形变方向集中在南北方向和垂直方向。

$$
\boldsymbol{A} = \begin{bmatrix}
-0.115 & 0.679 & 0.725 \\
-0.986 & -0.167 & 0 \\
-0.083 & 0.436 & 0.896 \\
-0.982 & -0.187 & 0
\end{bmatrix}
\tag{7.8}
$$

考虑到聚束模式和条带模式数据几乎同时获取,本节选取了 2009 年 2 月 21 日和 2010 年 4 月 15 日聚束式数据的偏移量以及 2009 年 2 月 15 日和 2009 年 4 月 20 日条带模式数据的偏移量来获取树坪滑坡的累积三维形变。条带模式和聚束模式数据虽然在获取时间上相差了 5～6 天,但是本节假设这期间滑坡的形变可以忽略。图 7.2(a)～(d)给出了角反射器上树坪滑坡的三维形变。正值分别代表向北、向东和向上的位移。图 7.2(d)中箭头代表水平位移矢量,点颜色表示垂直方向形变。

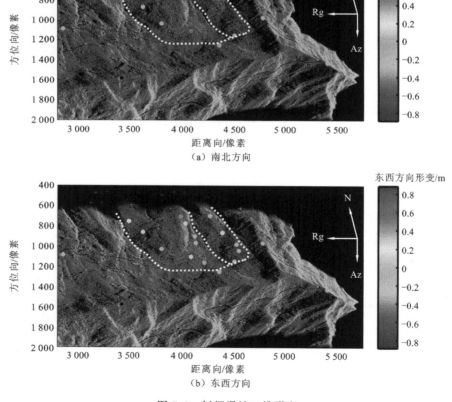

图 7.2 树坪滑坡三维形变

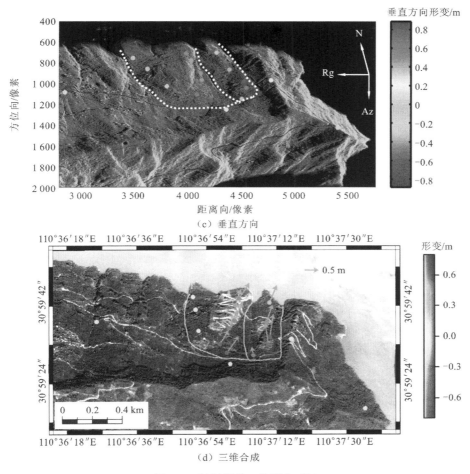

（c）垂直方向

（d）三维合成

图 7.2 树坪滑坡三维形变（续）

7.3 树坪滑坡时间序列三维形变提取方法

7.3.1 树坪滑坡时间演化模式

在 7.2 节中获取了 2009 年 2 月和 2010 年 4 月的累积三维形变。虽然采取了日期相近获取的条带模式数据和聚束模式数据的测量值进行反演，并且假设这段时间内并没有形变发生，但是这种条件在很多情况下难以满足，特别是在水位剧烈下降期间。因此，如果要获取树坪滑坡的三维时间序列形变，必须解决这个问题。

在第 6 章的研究中，可以发现树坪滑坡的阶段式位移主要受到降雨和库水位的影响，并且库水位的变化是主要的影响因素。根据 Miao 等（2014）的研究，三峡库区阶段式形变滑坡主要有滑动进程和休眠进程。在每个滑动进程中，滑坡以不同的速率滑动。而在休眠进程中，剪切强度逐步恢复。每次滑动过程和休眠过程的持续时间并不是固定的，如

图 7.3 给出的概念模型。

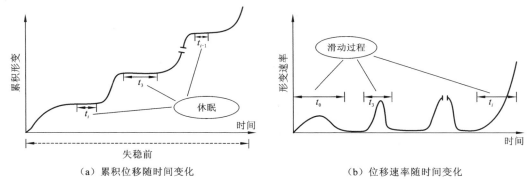

（a）累积位移随时间变化   （b）位移速率随时间变化

图 7.3   三峡水库滑坡变形的概念模型（Miao et al.,2014）

由第 6 章中树坪滑坡的形变过程以及图 7.3 给出的概念模型可以看到,滑坡的形变是一个有规律的非线性的过程,因此可以利用曲线拟合这个过程。通过拟合的曲线,可以插值得到每个时间点的形变信息,同时还可以实现对原始输入信号的滤波。

7.3.2　三次样条曲线拟合

目前常见的拟合插值算法主要有拉格朗日插值曲线拟合、三次样条曲线拟合等方法,并且被经常用在卫星轨道插值中(陈尔学,2004)。三次样条插值由于拟合精度高且易于得到拟合函数而被广泛应用。

曲线的拟合实际上是插值的过程,因此本书首先给出插值函数的定义。假设在区间 $[a,b]$ 有 $n+1$ 个离散点 x_i（$i=0,1,2,\cdots,n$）,x_i 满足 $a\leqslant x_0 < x_1 <\cdots< x_n \leqslant b$,$y=f(x)$ 是 $[a,b]$ 上的函数,已知它在 x_i 处有 $y_i = f(x_i)$。目的是求出一个简单的函数 $y=I(x)$ 来近似表示 $y=f(x)$,并且满足条件:

$$I(x_i)=f(x_i)   (i=0,1,\cdots,n) \tag{7.9}$$

而函数 $I(x)$ 就是 $f(x)$ 在区间 $[a,b]$ 上的插值函数。$f(x)$ 称为被插值函数,x_0,$x_1,\cdots,x_n$ 称为插值节点,而式(7.9)称为插值条件。

一般情况下,插值函数 $I(x)$ 在某些函数类中选取,如多项式函数类、分段多项式函数类、三角函数类等。最简单的方法是选取 $I(x)$ 为不超过 n 次的多项式,但是当多项式的次数较高时,多项式的收敛性和稳定性就会变差,因此人们通常采用样条插值或次数较低的最小二乘插值等来解决问题。而在所有能够保证收敛性和稳定性的插值函数中,最常用的是样条插值函数。三次样条函数是分段三次多项式,在每个节点处有二阶连续的导数,而构造三次样条插值函数的条件比较少,因此在实际应用中被广泛采用。下面将给出三次样条插值函数的定义及约束条件。

假设在区间 $a=x_0 < x_1 <\cdots< x_n =b$,如果函数 $s(x)$ 满足下面两个条件:①$s(x)$ 在每个子区间 $[x_{i-1},x_i]$（$i=1,2,\cdots,n$）上最多是三次多项式;②$s(x)$ 在区间 $[a,b]$ 上有连续的二阶导数。那么就称 $s(x)$ 是区间 $[a,b]$ 上的三次样条函数。

对于给定的区间$[a,b]$上的函数$y_i = f(x_i)$ $(i=1,2,\cdots,n)$，假如$s(x)$满足插值条件：

$$s(x_i) = y_i \quad (i=0,1,\cdots,n) \tag{7.10}$$

且每个区间的方程是

$$s(x_i) = a_i + b_i(x-x_i) + c_i(x-x_i)^2 + d_i(x-x_i)^3 \tag{7.11}$$

那么就称$s(x)$是$f(x)$三次样条插值函数。

由于三次样条插值函数$s(x)$每个子区间$[x_{i-1},x_i]$ $(i=1,2,\cdots,n)$上都是三次多项式，要在每个子区间上求得四个参数（常数项a_i、一次项b_i、二次项c_i和三次项d_i）才可以确定$s(x)$，在整个区间上要确定$4n$个系数。而根据前面的条件知道$s(x)$在区间$[a,b]$具有连续的导数，那么在每个节点x_i $(i=1,2,\cdots,n-1)$处应满足连续性的条件：

$$s(x_i-0)=s(x_i+0),\quad s'(x_i-0)=s'(x_i+0),\quad s''(x_i-0)=s''(x_i+0) \tag{7.12}$$

所有的内节点共有$3n-3$个条件，加上式(7.10)中的$s(x)$需要满足的条件共有$4n-2$个，因此还需要另外的两个条件才能最终确定$s(x)$。另外的两个约束条件通常通过由边界点处的x_0和x_n给定，称为边界条件。常见的边界条件有以下 4 种。

（1）给定两个端点的一阶导数：

$$s'(x_0)=f'(x_0),\quad s'(x_n)=f'(x_n) \tag{7.13}$$

（2）给定两个端点的二阶导数

$$s''(x_0)=f''(x_0),\quad s''(x_n)=f''(x_n) \tag{7.14}$$

（3）当$f(x)$是以$[x_0,x_n]$为周期的周期函数时，要求$s(x)$也为周期函数，并满足周期条件：

$$s(x_0+0)=s(x_n-0),\quad s'(x_0+0)=s'(x_n-0),\quad s''(x_0+0)=s''(x_n-0) \tag{7.15}$$

（4）当不知道终点的导数时，一般采用非扭结边界，使两端点的三阶导与这两个端点的邻近点的三阶导数相等。

三次样条插值方法在雷达影像轨道插值中发挥了重要的作用，但是在实际情况中，由于观测值存在误差，插值方法并不能很好地逼近实际情况，因此人们通常采用曲线拟合。曲线拟合并不要求通过每一个离散点，而是距离这些观测点足够近，并使误差最小。

假设在区间$[a,b]$上有$n+1$个离散观测值$(x_i,f(x_i))$ $(i=0,1,2,\cdots,n)$，通过寻找$f(x_i)=s(x_i)$来建立x和$f(x_i)$之间的观测模型，得到与观测数据最接近的估计。通过公式约束达到平滑曲线和观测值之间的平衡，得到对$s(x)$的最佳估计值$\hat{s}(x)$。为了进一步讨论，先引入函数线性相关性的概念。

设函数$s_0(x),s_1(x),\cdots,s_n(x)$在区间$[a,b]$上连续，如果关系式

$$a_0 s_0(x) + a_1 s_1(x) + \cdots + a_n s_n(x) = 0 \tag{7.16}$$

当且仅当$a_0=a_1s=\cdots=a_n=0$时成立，那么称函数系$s_0(x),s_1(x),\cdots,s_n(x)$线性无关，否则称为线性相关。称线性无关的$s_0(x),s_1(x),\cdots,s_n(x)$为基函数，集合$\Omega = \mathrm{span}\{s_0(x), s_1(x),\cdots,s_n(x)\}$（$\Omega$是所有$y=c_0 s_0(x)+c_1 s_1(x)+\cdots+c_n s_n(x)$的函数的集合），在集

合 Ω 中求唯一函数,使其与已知数据最接近。对于给定的数据集(x_i , $f(x_i)$)($i=0$, $1,2,\cdots,n$),使得

$$\sum_{i=0}^{n} p(x_i)\{[f(x_i) - \hat{s}(x_i)]\}^2 = \min_{s \in \Omega} \sum_{i=0}^{n} p(x_i)\{[f(x_i) - s(x_i)]\}^2 \qquad (7.17)$$

式中: $p(x_i)$ 为一个 $[a,b]$ 区间内的权函数; $\hat{s}(x)$ 为 $f(x)$ 的最小二乘解。

在雷达影像的测量中, x_i 表示雷达影像获取的日期, $f(x_i)$ 表示不同时间获取的方位向(距离向)的形变量。除了两端点处获取的数据,其余日期都表示一个节点。用最小二乘法拟合曲线时,将集合 Ω 的基函数都设置为线性无关的三次样条函数,在每个子区间都求解出一个对应的唯一满足样条曲线函数条件的解。由于本节的数据并不是等间隔获取的,为了保证计算的可靠性,可以将子区间根据实际情况不均匀分布。具体的求解过程可参照 Boor(1978)的研究。

得到了拟合曲线之后,分别从高分辨率聚束模式和条带模式数据中提取出雷达数据每个时间点上的形变值,按照 7.3.1 节中两个轨道的几何关系进行三维形变反演,最终可以得到时间序列三维形变。

7.4 树坪滑坡三维形变序列分析

根据 7.3 节提出的拟合方法,本节以分布在树坪滑坡顶部的两个角反射器 CR13 和 CR15 为例对树坪滑坡形变趋势进行了拟合,如图 7.4 和图 7.5 所示。图 7.4 给出了利用高分辨率聚束模式数据获取的 CR13 和 CR15 的时间序列形变拟合结果,图 7.5 给出了利用高分辨率条带模式数据获取的 CR13 和 CR15 的时间序列形变拟合结果。从拟合的结果来看,CR13 和 CR15 拟合前后的趋势并没有改变,与图 7.3 概念模型的形变模式一致。图 7.6 和图 7.7 给出了 CR13 和 CR15 的三维时间序列形变,可以看出形变主要集中在南北方向和垂直方向,这与树坪滑坡的南北朝向的坡向是高度一致的。

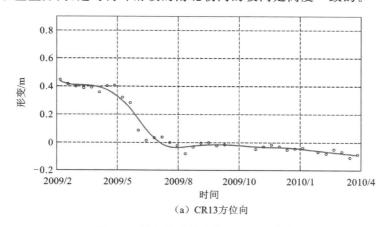

（a）CR13方位向

图 7.4　聚束模式形变序列及拟合曲线

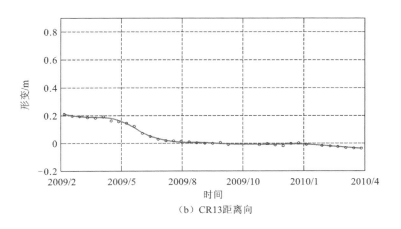

（b）CR13距离向

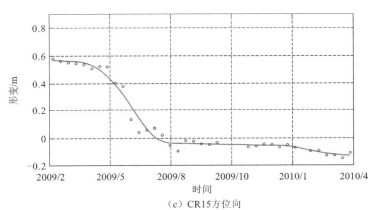

（c）CR15方位向

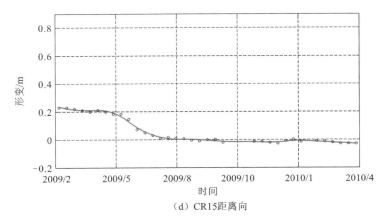

（d）CR15距离向

图 7.4　聚束模式形变序列及拟合曲线（续）

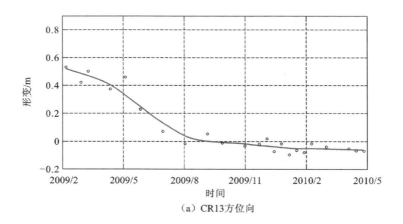

（a）CR13方位向

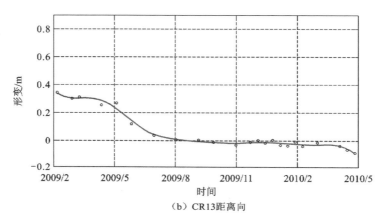

（b）CR13距离向

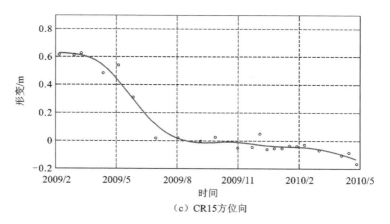

（c）CR15方位向

图 7.5 条带模式形变序列及拟合曲线

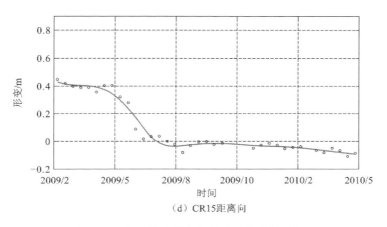

（d）CR15距离向

图 7.5　条带模式形变序列及拟合曲线（续）

（a）垂直方向形变

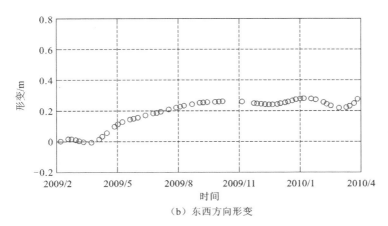

（b）东西方向形变

图 7.6　CR13 的时间序列三维形变

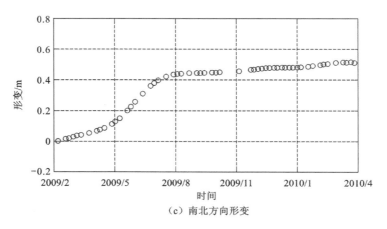

（c）南北方向形变

图 7.6　CR13 的时间序列三维形变（续）

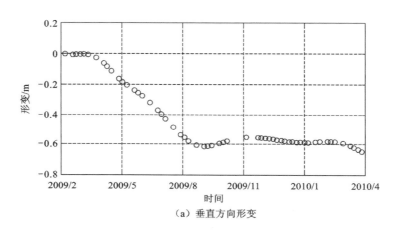

（a）垂直方向形变

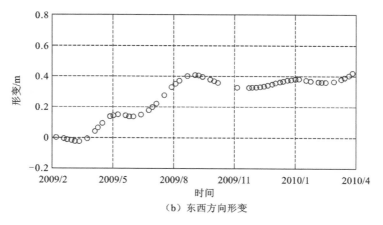

（b）东西方向形变

图 7.7　CR15 的时间序列三维形变

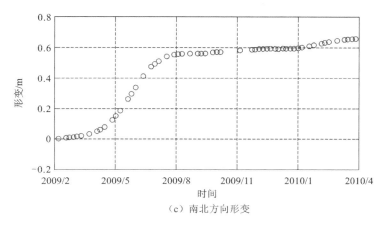

（c）南北方向形变

图 7.7　CR15 的时间序列三维形变（续）

7.5　本　章　小　结

本章阐述了时间序列三维形变提取的方法，首先对 TerraSAR-X 聚束模式和条带模式数据的观测结果进行拟合平滑，然后利用两个不同视角的高分辨率 TerraSAR-X 降轨数据集对距离向形变的敏感度差异提取三维形变。本章提出的方法很好地保持了树坪滑坡的形变趋势，提取出的三维形变符合树坪的形变模式。本书接下来的工作包括获取树坪滑坡的实测数据，对提取的形变结果进行进一步验证。

参　考　文　献

陈尔学,2004. 星载合成孔径雷达影像正射校正方法研究. 北京:中国林业科学研究院.

AVOUAC J P,MENG L,WEI S,et al.,2015. Lower edge of locked main himalayan thrust unzipped by the 2015 Gorkha earthquake. Nature Geoscience,8(9).

BECHOR N B D,ZEBKER H A,2006. Measuring two-dimensional movements using a single InSAR pair. Geophysical Research Letters,331(16):275-303.

GRAY L,JOUGHIN I,TULACZYK S,et al.,2005. Evidence for subglacial water transport in the West Antarctic Ice Sheet through three-dimensional satellite radar interferometry. Geophysical Research Letters,32(3):259-280.

HU J,LI Z W,DING X L,et al.,2012. 3D coseismic Displacement of 2010 Darfield,New Zealand earthquake estimated from multi-aperture InSAR and D-InSAR measurements. Journal of Geodesy,86(11):1029-1041.

HU J,LI Z W,DING X L,et al.,2014. Resolving three-dimensional surface displacements from InSAR measurements:A review. Earth Science Reviews,133(2):1-17.

JUNG H S,LU Z,WON J S,et al.,2011. Mapping three-dimensional surface deformation by combining multiple-aperture interferometry and conventional interferometry: Application to the June 2007 Eruption of Kilauea Volcano, Hawaii. IEEE Geoscience and Remote Sensing Letters, 8(1): 34-38.

LI J, LI Z W, DING X L, et al., 2014. Investigating mountain glacier motion with the method of SAR intensity-tracking: Removal of topographic effects and analysis of the dynamic patterns. Earth-Science Reviews, 138: 179-195.

MIAO H, WANG G, YIN K, et al., 2014. Mechanism of the slow-moving landslides in Jurassic red-strata in the Three Gorges Reservoir, China. Engineering Geology, 171(8): 59-69.

MICHEL R, AVOUAC J P, TABOURY J, 1999. Measuring near field coseismic displacements from SAR images: Application to the Landers earthquake. Geophysical Research Letters, 26(19): 3017-3020.

NG A H M, GE L, ZHANG K, et al., 2011. Deformation mapping in three dimensions for underground mining using InSAR-Southern highland coalfield in New South Wales, Australia. International Journal of Remote Sensing, 32(22): 7227-7256.

SAMSONOV S, TIAMPO K, 2006. Analytical optimization of a D-InSAR and GPS dataset for derivation of three-dimensional surface motion. IEEE Geoscience and Remote Sensing Letters, 3(1): 107-111.

WANG T, JONSSON S, 2015. Improved SAR amplitude image offset measurements for deriving three-dimensional coseismic displacements. IEEE Journal of Selected Topics in Applied Earth Observations and Remote Sensing, 8(7): 3271-3278.

WRIGHT T J, PARSONS B E, LU Z, 2004. Toward mapping surface deformation in three dimensions using InSAR. Geophysical Research Letters, 31(1): 169-178.

第 **8** 章

滑坡形变与水文影响因子的耦合分析

当前,应用时间序列 SAR/InSAR 技术探测滑坡形变的研究已取得重大进展,为进一步实现 SAR 形变观测与滑坡潜在诱发因子间的关联响应提供了重要的研究基础。外形现象(变形)——原因(触发因子)之间的耦合分析是分析和研究滑坡形变演化机制的重要前提,对理解滑坡的形变发展趋势以及对滑坡灾害的早期预警、预报都具有非常重要的意义。本章通过研究利用数据同化的方法,探索性地开展 SAR 滑坡形变观测结果与当地水文触发因子的耦合分析,以期实现滑坡形变与水文因子的响应机制分析,为滑坡灾害的早期预警、预报提供重要的决策支持。

8.1　陆面数据同化概述

8.1.1　数据同化的来源

数据同化最初来自于数值天气预报,为数值天气预报提供初始场。1904年,物理学家 Bjerknes 指出:理论上应将天气预报归结为"初值问题",并指出成功的气象预报离不开当前大气的准确状态、大气运动规律的准确表达。在此基础上,英国数学家 Richadson 于1910年对数值天气预报进行了首次尝试,实验中,Richadson 考虑将观测资料用于大气状态预报的"主观分析"中,并通过手动插值的方法将观测资料进行内插处理,以此作为天气预报的初始场(Richadson,1922)。受当时实验条件的限制,数值预报以失败告终,然而 Richadson 的首次尝试却为现代数值天气预报的发展拉开了序幕。

1951年,Ceharney 等研究者同样采用"主观分析"的方法提供数值预报的初始场,利用正压涡度方程,在第一台电子计算机上成功实现了北美500 mb 的高度场和涡度场数值预报,该实验则是现代数值天气预报的第二个里程碑。随着计算机的诞生,数值计算的处理能力大大增强。依靠计算机处理的"客观分析"逐渐取代了传统的"主观分析"方法,成为提供数值预报初始场的重要手段,并快速发展起来。"客观分析"先后经历了多项式拟合插值方案(Gilchrist et al.,1954;Panofsky,1949)、逐步修订法(Cressman,1959)、最优插值方案(Gandin,1965)三个阶段。

然而,随着大气模式的发展,数值预报的复杂度提高,传统的"客观分析"方案已不能满足模式运行的初始化条件。因此,将大气状态的先验知识引入以产生质量更好的初始条件。客观分析是资料/数据同化的起源,也是资料/数据同化研究的主要内容之一。进入20世纪60年代,卫星遥感技术快速发展,以遥感观测为代表的非常规观测资料开始逐渐被引入"客观分析"中,有学者将这一过程称为同化(data assimilation)(Nagle et al.,1967;Jones,1964)。

1968年,Danard 指出"气象和海洋领域客观分析面临着如何同化不同来源的观测信息"的问题,同化第一次以一个科学问题的方式被提出来(Danard et al.,1968)。1969年,Thompson 提出应该在客观分析的时间序列中,保持变量的动力协调,从而克服单一时刻同化存在的缺陷(Thompson,1969),标志着数据同化已将模式的初始化引入其中。至此,四维资料/数据(包括时间维和空间维)同化的思路已清晰,数据同化的作用不单是为数值预报提供初始场,一个完整的同化过程应包括质量控制、资料的客观分析、模式的初始化、下一时刻大气状态的短期预报(Daley,1991)。

因此,在大气和海洋领域,资料/数据同化是指:"利用现有的多种观测资料,定义一个在当前时刻尽可能准确的大气或海洋运动状态(Talagrand,1997);并且能够为数值预报提供一个在物理和动力学中协调一致的大气或海洋运动状态的初值(Kahle,1977),以提高资料分析质量和数值预报的准确性"。

8.1.2　陆面数据同化背景与发展

陆面数据同化起步于 20 世纪 90 年代末期(McLaughlin,1995),其理论思想与方法源于大气和海洋领域。可以说,陆面数据同化是将大气和海洋领域中的四维数据同化应用到地球表层科学或水文学领域中发展起来的。在数学上,陆面数据同化的开展主要借助于随机动力学的估计理论、控制论,以及优化算法、误差估计理论(Talagrand,1997;Daley,1991)。

在认识地表系统过程中,观测和模型模拟作为两种基本手段,发挥着各自的优势。点位观测通常具有较高的精度,而模型模拟可以得到研究对象在时间与空间上的连续演进。要充分发挥观测与模拟各自的优势,就必须对它们进行有机集成。近几十年,卫星、雷达等各种非常规观测资料迅速增加,作为"把不同时空分布的观测数据融合到数值模型的动态运行过程中"的数据同化技术,在大气和海洋过程的初值研究中扮演着越来越重要的角色(Evensen,2009)。

相比之下,大尺度或区域尺度的陆面数据同化是在大气和海洋数据同化的基础上发展起来的新方法,于 1995 年后作为独立的研究领域出现。陆面数据同化是应用于陆面过程中的同化,是研究发生在地表,控制地气之间的水分、动量和能量等的交换过程。也正因如此,陆面数据同化的发展呈现出有别于大气和海洋领域数据同化的特点。陆面数据同化作为集成多源地理空间数据的新思路出现在地表系统过程研究中,其目的并不局限于为模式提供初始场,而是希望"在陆面过程模型的动力框架内,融合不同来源、不同分辨率的直接或间接观测数据,将陆面过程模型和各种观测算子集成为不断地依靠观测而自动调整模型轨迹,并减小误差的预报系统"(李新 等,2007)。

陆面数据同化早期研究主要包括:通过数据同化实现陆面过程模型或水文模型与地表直接/间接观测资料的耦合分析,从而实现土壤水分、温度等状态变量的反演,对大气和海洋领域已有的同化方法在陆面数据同化中的表现进行比较分析。这一阶段最具代表性的研究进展是几个国家同化系统的建立,见表 8.1,包括北美陆面数据同化系统(NLDAS)和全球陆面数据同化系统(GLDAS)(Mitchell et al.,2004;Rodell et al.,2004)、欧洲陆面数据同化系统(ELDAS)(Jocobs et al.,2008)、中国西部陆面数据同化系统(WCLDAS)(黄春林 等,2004)。

表 8.1　早期的数据同化系统

同化系统	启动时间	驱动数据	陆面模型	同化方法	输出数据	空间分辨率	时间分辨率
北美/全球陆面数据同化系统	1998 年	美 NCEP 的全球数据同化系统和 NASA 的哥达德数据同化系统生成的气象驱动数据	Mosaic	四维变分	北美和全球两个尺度的土壤水分、蒸散发、能量通量、径流、积雪等	$1/8° \times 1/8°$	1 h 3 h
			VIC			$1/4° \times 1/4°$	
			NOAH	卡尔曼滤波			
			Sacramento	集合卡尔曼滤波			

续表

同化系统	启动时间	驱动数据	陆面模型	同化方法	输出数据	空间分辨率	时间分辨率
欧洲陆面数据同化系统	2001 年	气象数据来自欧洲中尺度天气预报中心;短波/长波辐射由数值天气预报模式同化 METEOSAT /MSG 获得,降水从地面观测站获得		四维变分	数值天气预报环境下的土壤含水量、表面蒸发和径流数据	1/5°×1/5°	1 天
			Tessel	优化内插			
			LM				
			ISBA	卡尔曼滤波			
			SWAPS				
中国西部陆面数据同化系统	2003 年	GAME、NCEP、ECMWE 再分析资料融入台站观测和卫星反演资料,生成的 0.25°~0.5°分辨率的辐射、气温、降水、水气压、风速数据		四维变分	中国西北干旱区和青藏高原土壤水分、土壤温度、积雪和冻土等	1/4°×1/4°	6 h
			VIC	集合卡尔曼滤波			
			GLM				
				模拟退火			

当前,陆面数据同化已成功应用于土壤水分(Yang et al.,2009;Huang et al.,2008)、积雪深度(Che et al.,2014)、地表能量循环(Yang et al.,2007)、流域水循环(Xie et al., 2010)、油层储藏量(Wen et al.,2006)等领域。不同领域科学家对陆面数据同化实用能力的延伸做出了重大贡献。其中较具代表性的有 Yang 所在的团队利用同化改进了青藏高原地区的陆面过程模拟(Chen et al.,2011;2010),并发展了适用于旱区和高海拔地区陆面过程模拟的参数化方案 (Yang et al.,2009;2007);Liang 所在的团队将陆面数据同化引进农作物估产中,通过耦合遥感观测和作物模型,实现了区域内玉米产量和田间水分条件的估计工作(Fang et al.,2011;2008)。Xie 等(2013;2010)将陆面数据同化应用于流域水循环领域,结合 SWAT 模型在优化模型状态的估计过程中同步实现了研究区内水文地质参数的优化工作等。

8.1.3　陆面数据同化系统的构成

本节以 8.1.1 节介绍的三个具有代表性和标志性意义的陆面数据同化系统为基础,通过分析可知,不同国家的陆面数据同化系统所共有的模块如图 8.1 所示。

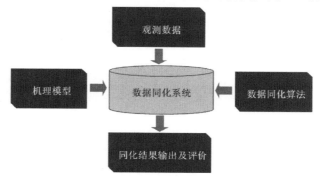

图 8.1　数据同化系统的重要组成部分

（1）观测数据。包括直接观测和遥感等非常规手段得到的间接观测，以及传统的台站或点位观测资料、被动微波观测资料等。同化过程中，所有的观测数据都需要从观测空间转换到状态空间，这里涉及各种观测算子，如辐射传输模型或相应的客观分析资料等。

（2）陆面过程模型，简称为机理模型。用以表示陆面或水文过程随时间的演进变化，包括分布式水文模型（variable infiltration capacity，VIC）和改进后的通用陆面模型（common land model，CLM）等。陆面过程模型运行过程涉及模型参数集及大气驱动数据的准备；其中，模型参数集主要包括数值恒定的静态参数和随时间变化的动态参数；大气驱动数据通常是利用大气数据同化系统制备而成的大气状态数据，包括辐射、温度、降雨量、气压、风速等，具体可参照表 8.1。

（3）数据同化算法。包括最优插值、四维变分和集合卡尔曼滤波算法等，需要根据不同的应用需求选择。

（4）同化结果输出及评价。同化结果输出的数据集与所使用的陆面过程模型的输出有关，通常包括土壤含水量、径流量、积雪、地表温度、蒸散发及关键参数的变异场等；结果评价则包括对同化结果的验证和误差分析等。

通过对各国陆面数据同化系统的系统框架和主要模块的分析，可将陆面数据同化处理的一般流程总结如下。

（1）利用大气环流模式（global climate model，GCM）与陆面过程模型（land data assimilation system，LDAS）耦合的大气数据同化系统生成研究区内精度较高的辐射、气温、降水和气压等大气驱动数据；

（2）利用直接观测（地表）和间接观测（如微波遥感观测）制备陆面过程模型或水文模型所需要的参数集；

（3）将大气驱动数据和模型运行的参数集输入陆面过程或水文模型中，并驱动模型向前运行，生成当前时刻的状态变量（作为同化的背景场使用）；

（4）采用一定的同化算法，耦合当前时刻的地面观测数据（包括卫星、雷达等），估计此时的背景场误差协方差，并优化当前时刻的状态变量；

（5）陆面数据同化与大气数据同化系统通过迭代继续向前运行，以提供下一时刻的背景场，如图 8.2 所示。

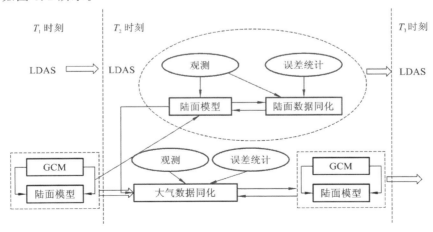

图 8.2　典型陆面数据同化系统流程

8.1.4 数据同化方法的分类

同化算法在构建数据同化系统中扮演着重要角色,是连接模式模拟和观测数据的桥梁。早期的数据同化方法包括多项式插值、逐步修订法等,以主观分析为主,缺乏理论基础。直到 1963 年,Gandin 提出了最优插值算法,同化方法开始有了统计基础——估计理论。图 8.3 总结了现有的数据同化方法,详细的算法原理可参考 Daley(1991)的研究。进入 20 世纪 90 年代之后,以四维变分方法及集合卡尔曼滤波算法等为代表的现代数据同化算法在同化研究中发挥着重要作用(Kalnay,2003;Daley,1991)。现代数据同化算法依据算法与模式之间的关联关系,可分为连续数据同化算法和顺序数据同化算法(李新等,2010;Dente et al.,2008;Daley,1991),如图 8.3 所示。

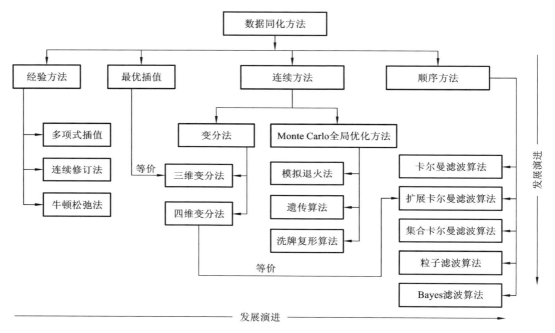

图 8.3 数据同化方法的发展历程(李新 等,2010)

连续数据同化需要定义同化的时间窗口,通过对窗口内的观测和模型状态估计的迭代来调整模型的初始场,最终将模型的运行轨迹拟合到当前时间窗口内的所有观测值上,如图 8.4 所示。其中,变分算法以其在求解目标函数中使用变分方法而命名(Talagrand,1997),使用过程中需要求解模型的伴随,以三维变分(3Dvar)和四维变分(4Dvar)为代表。四维变分是三维变分在时间维上的推广,且在其实现过程中需要求复杂的切线性和伴随模式。通常,构建能够完整地表征物理过程的切线性和伴随模式是十分困难的,有些甚至根本就不存在。因此,对于需要发展复杂伴随模式的陆面过程,利用四维变分算法实现搭建同化系统是非常困难的,计算量也是非常之大。Monte Carlo 全局优化方法在使用过程中一般采用的是启发式的优化算法(Yang et al.,2007;Li et al.,2004),其优点在于容易实现并能够应用于非线性系统,缺点是运算效率不高,甚至低于变分方法的计算效率。

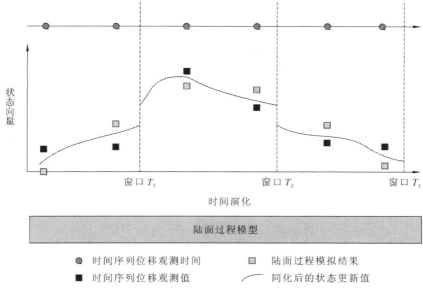

图 8.4　连续数据同化算法流程示意图

顺序数据同化算法是指在同化运行过程中,按照观测时间的先后顺序,计算观测和模拟的加权关系,并在此基础上对模型状态进行更新,从而获得模型的后验估计值,如图 8.5 所示。传统上,顺序数据同化算法的代表分别是:①针对线性问题的卡尔曼滤波算法;②针对非线性系统的扩展卡尔曼滤波算法。其中,扩展卡尔曼滤波过程中存在将非线性方程近似线性化的操作,使得该滤波本质上属于次优的滤波方法(Kalnay,2003;Talagrand,1997)。因此,为拓展数据同化方法在非线性系统中的应用,一些学者开始将非线性的滤波方法引入数据同化的研究中。

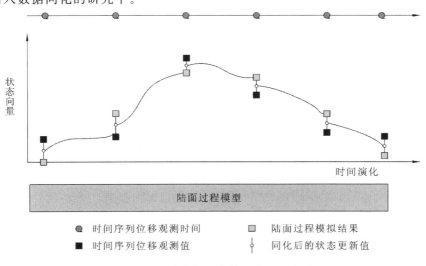

图 8.5　顺序数据同化算法流程示意图

非线性的滤波方法中,最具代表性的当属集合卡尔曼滤波算法(Evensen,2003)。该算法自1994年引入海洋数据同化以来,受到了广泛的关注和认可,并成功地应用于包括大气、海洋和陆面的数据同化研究中(Evensen,2009)。近年来,以粒子滤波为代表的非线性、非高斯的滤波方法也吸引了同化研究者的关注(Han et al.,2008;Nakano et al.,2007),其与集合卡尔曼滤波算法一起成长为新兴的具有生命力的数据同化方法(李新等,2010)。粒子滤波算法和集合卡尔曼滤波算法都在Bayes滤波框架下发展而来,因此都属于Bayes滤波在特定应用中的特例。其中,集合卡尔曼滤波算法是在随机动力预测理论的基础上发展而来,该方法将集合预报与卡尔曼滤波算法的优势结合起来,利用Monte Carlo方法更新状态预报的误差协方差,因而在处理随机动态估计问题中优势明显。考虑到本书所关注的形变问题并非一个确定性问题,而是一个客观存在的非线性动态随机过程,因此,优选了集合卡尔曼滤波算法。

8.2　耦合SAR变形观测数据同化方案

集合卡尔曼滤波继承卡尔曼滤波的优点,通过利用集合预报的方法消除了卡尔曼滤波计算负荷大的压力。集合预报的理论基础是估计理论,集合预报就是利用集合的概念,给出状态可能的概率分布。所谓估计理论,简单来讲就是在考虑系统的决定性(决定论范畴:系统本身的物理规律)的同时兼顾系统的不确定性(系统受误差影响呈现出一定的随机性),在某种最优的标准下最大地去除误差的影响,有效地提取信号。以上就是集合卡尔曼滤波在处理随机动态估计问题中较其他同化算法有明显优势的原因。在介绍集合卡尔曼滤波算法之前,先了解一下卡尔曼滤波的基本原理。

8.2.1　集合卡尔曼滤波原理

1960年,美国数学家Kalman把状态空间模型引入滤波理论中,并以最小均方误差为最佳估计准则,推导出一套完整的递推估计算法,后人称为卡尔曼滤波(Kalman filter)。所谓递推估计是一个迭代更新的过程,并始终保持估计值的最优。该方法是利用t时刻的参数/状态估计值以及$t+1$时刻系统的输入和输出等资料,计算$t+1$时刻的参数/状态估计值,再利用$t+1$时刻的参数/状态估计值,重复上述过程计算$t+2$时刻的参数/状态估计值,如此不断地迭代更新直到参数/状态估计值符合条件要求。卡尔曼滤波以最小均方误差为估计的最优准则,其基本思想是:在定义了信号与噪声的状态空间模型后,利用前一时刻的估计值、当前时刻的观测资料以及当前时刻模型的输出来更新状态变量的估计值,并求出当前时刻状态的最优估计值。

卡尔曼滤波在均方误差最小的估计准则下,可为线性系统提供最优的状态估计。然而,大气、海洋或陆面过程模式都是非线性的;而且在处理遥感等非常规的观测资料时,观测算子也通常是非线性的。为扩展卡尔曼滤波在非线性系统中的应用,1970年Sunahara等提出了扩展卡尔曼滤波(Bucy et al.,1971;Sunahara,1970)。该方法通过模式状态转换矩阵和观测转换矩阵,对模式预报方程和观测算子在状态点处做泰勒展开,以此获取非线性方程的切线性方程,从而得到满足卡尔曼滤波条件的线性模式和线性观测算子,此时再利用卡尔曼滤波估计状态和误差分布。由于扩展卡尔曼滤波在获取切线性方程的时候,忽略了泰勒展开式中的二阶及二阶以上的高阶项,因此计算出的状态不再是最优的估计,而是属于次优的估计,扩展卡尔曼滤波也因此被称为次优的滤波。

扩展卡尔曼滤波可用于处理非线性系统中的状态估计问题。然而,在实际处理中,模式的误差协方差矩阵预报非常困难,主要体现在:①发展模式的切线性模式非常困难;②协方差矩阵的计算量负荷过大,系统难以承受。针对这一问题,Evensen(1994)另辟新径引入了集合预报的概念,并发展成为集合卡尔曼滤波。集合卡尔曼滤波是将集合预报与卡尔曼滤波结合起来,通过 Monte Carlo 方法计算模型状态的误差分布,该方法同样适用于非线性系统,并且不需要计算模式预报的切线性方程(Evensen,1994)。

集合卡尔曼滤波状态估计中,集合的作用主要体现在:在系统分析中,采用集合的思想估计模式预报中的误差协方差矩阵,避免了误差协方差矩阵的直接计算;在系统预报中,采用集合预报的方法对模式的误差协方差矩阵进行预报。集合预报就是利用集合的概念给出符合某种误差分布的状态初始集合,并将初始集合输入模式进行模式预报,从而得到状态的预报集合场,也就是状态将来可能的概率分布。数据同化是通过集成多种有效信息,尽可能准确估计出大气、海洋或陆面过程中状态变量的概率分布。因此,可以说集合预报与数据同化具有相同的研究目标,并且具有共同的理论基础——估计理论。

集合卡尔曼滤波的计算流程和卡尔曼滤波相似。集合卡尔曼滤波在处理集合中的每一个实现时,都需要用到如下分析方程计算一次卡尔曼增益。

分析方程:

$$S^a = S^f + K(y_t - HS^f) \tag{8.1}$$

卡尔曼增益:

$$K = P^f H^T (HP^f H^T + R)^{-1} \tag{8.2}$$

式中:S^a 为分析值;S^f 为预测值;y_t 为观测向量;H 为观测算子;K 为卡尔曼增益;R 为观测误差协方差阵;P^f 为预报误差协方差阵;上标 a 和 f 分别代表分析和预报。在集合卡尔曼滤波中,预报误差协方差 P 可通过预报集合来表示:

$$P = \frac{1}{m-1} \sum_{i=1}^{m} (S_i - \overline{S})(S_i - \overline{S})^T = \frac{1}{m-1} AA^T \tag{8.3}$$

$$\overline{S} = \frac{1}{m} \sum_{i=1}^{m} S_i \tag{8.4}$$

$$A_i = S_i - \overline{S} \tag{8.5}$$

$$A = [A_1, A_2 \cdots, A_m] \tag{8.6}$$

式中:m 为集合数;$\overline{S}$ 为预报集合的均值;A 为预报成员与集合均值之间的差异,记为扰动集合。集合卡尔曼滤波对每一个集合实现做一次滤波分析:

$$S_i^a = S_i^f + K[y + v - H(S_i^f)] \quad i = 1, 2 \cdots, m \tag{8.7}$$

式中：v 为观测扰动集合，集合均值为 0，方差为 $\boldsymbol{R}$ 的高斯白噪声。将状态分析矩阵 $\boldsymbol{S}_i^{\mathrm{a}}$ 中元素减去分析均值 $\overline{\boldsymbol{S}^{\mathrm{a}}}$，得到集合扰动的更新方程：

$$\boldsymbol{A}_i^{\mathrm{a}} = \boldsymbol{A}_i^{\mathrm{f}} + \boldsymbol{K}(\boldsymbol{v}_i - \boldsymbol{H}\boldsymbol{A}_i^{\mathrm{f}}) \tag{8.8}$$

也可以表达成集合的形式：

$$\boldsymbol{A}^{\mathrm{a}} = \boldsymbol{A}^{\mathrm{f}} + \boldsymbol{K}(\boldsymbol{v} - \boldsymbol{H}\boldsymbol{A}^{\mathrm{f}}) \tag{8.9}$$

用更新后的集合扰动表达预报误差协方差阵 $\boldsymbol{P}$，可得

$$\boldsymbol{P}^{\mathrm{a}} = \frac{1}{m-1}\boldsymbol{A}^{\mathrm{a}}\boldsymbol{A}^{\mathrm{aT}}$$

$$= \frac{1}{m-1}\left[\boldsymbol{A}^{\mathrm{f}} + \boldsymbol{K}(\boldsymbol{v}-\boldsymbol{H}\boldsymbol{A}^{\mathrm{f}})\right]\left[\boldsymbol{A}^{\mathrm{f}} + \boldsymbol{K}(\boldsymbol{v}-\boldsymbol{H}\boldsymbol{A}^{\mathrm{f}})\right]^{\mathrm{T}}$$

$$= \boldsymbol{P}^{\mathrm{f}} - \boldsymbol{P}^{\mathrm{f}}\boldsymbol{H}^{\mathrm{T}}\boldsymbol{K}^{\mathrm{T}} - \boldsymbol{K}\boldsymbol{H}\boldsymbol{P}^{\mathrm{f}} + \boldsymbol{K}\boldsymbol{H}\boldsymbol{P}^{\mathrm{f}}\boldsymbol{H}^{\mathrm{T}}\boldsymbol{K}^{\mathrm{T}} + \frac{1}{m-1}\boldsymbol{K}\boldsymbol{v}\boldsymbol{v}^{\mathrm{T}}$$

$$+ \frac{1}{m-1}(\boldsymbol{I}-\boldsymbol{K}\boldsymbol{N})^{\mathrm{f}} -_{I}\boldsymbol{v}^{\mathrm{T}}\boldsymbol{K}^{\mathrm{T}} + \frac{1}{m-1}\boldsymbol{K}\boldsymbol{v}(\boldsymbol{A}^{\mathrm{f}})^{\mathrm{T}}(\boldsymbol{I}-\boldsymbol{H}^{\mathrm{T}}\boldsymbol{K}^{\mathrm{T}}) \tag{8.10}$$

如果对观测信息不加误差扰动，即 $v=0$，则分析集合的误差协方差阵 P^{a} 可以表示为

$$\boldsymbol{P}^{\mathrm{a}} = \boldsymbol{P}^{\mathrm{f}} - \boldsymbol{P}^{\mathrm{f}}\boldsymbol{H}^{\mathrm{T}}\boldsymbol{K}^{\mathrm{T}} - \boldsymbol{K}\boldsymbol{H}\boldsymbol{P}^{\mathrm{f}} + \boldsymbol{K}\boldsymbol{H}\boldsymbol{P}^{\mathrm{f}}\boldsymbol{H}^{\mathrm{T}}\boldsymbol{K}^{\mathrm{T}}$$

$$= (\boldsymbol{I}-\boldsymbol{K}\boldsymbol{H})\boldsymbol{P}^{\mathrm{f}}(\boldsymbol{I}-\boldsymbol{H}^{\mathrm{T}}\boldsymbol{K}^{\mathrm{T}}) \tag{8.11}$$

而卡尔曼滤波的分析误差协方差为

$$\boldsymbol{P}^{\mathrm{a}} = (\boldsymbol{I}-\boldsymbol{K}\boldsymbol{H})\boldsymbol{P}^{\mathrm{f}} \tag{8.12}$$

对比分析误差协方差的计算式(8.11)和式(8.12)可知，不考虑观测误差扰动的分析误差协方差小于卡尔曼滤波的理论分析误差协方差(式(8.12))，也就是说集合误差在传播过程中会过早地产生衰减，并由此造成滤波的发散，此时同化系统将不再吸收新的观测信息。因此，在实际应用中，集合卡尔曼滤波通过采用带有误差扰动的观测数据来解决因几何衰减造成的滤波发散问题(Burgers et al.，1998)。考虑了观测误差扰动的集合卡尔曼滤波，其分析误差的协方差与卡尔曼滤波分析误差协方差的理论值非常接近(Sakov et al.，2008；Burgers et al.，1998)。

假设添加的观测误差扰动的定义为

$$\frac{1}{m-1}\boldsymbol{v}\boldsymbol{v}^{\mathrm{T}} = \boldsymbol{R} \tag{8.13}$$

则在分析误差协方差中

$$\boldsymbol{K}\boldsymbol{H}\boldsymbol{P}^{\mathrm{f}} + \boldsymbol{K}\boldsymbol{H}\boldsymbol{P}^{\mathrm{f}}\boldsymbol{H}^{\mathrm{T}}\boldsymbol{K}^{\mathrm{T}} + \frac{1}{m-1}\boldsymbol{K}\boldsymbol{v}\boldsymbol{v}^{\mathrm{T}} = 0 \tag{8.14}$$

如果 v 满足条件

$$\boldsymbol{A}^{\mathrm{f}}\boldsymbol{v}^{\mathrm{T}}\boldsymbol{K}^{\mathrm{T}} = 0 \tag{8.15}$$

那么采用式(8.9)更新集合扰动时对应的分析误差协方差的计算式即可表达为式(8.10)，其计算结果与卡尔曼滤波的理论值非常接近。然而，在实际应用中，满足条件的 v 值通常是不存在的。因此，集合卡尔曼滤波通过设计得到 v 只能近似地满足上述条件。

假设 $\boldsymbol{v}$ 服从随机正态分布特征,且 $\boldsymbol{v}$ 和 $\boldsymbol{A}$ 的列向量互不相关,则式(8.15)将满足一定的统计特征,在理论上

$$\boldsymbol{P}^{\mathrm{a}} = (\boldsymbol{I} - \boldsymbol{KH})\boldsymbol{P}^{\mathrm{f}} + \boldsymbol{O}(m^{-\frac{1}{2}}) \tag{8.16}$$

以上分析构成了集合卡尔曼滤波的理论基础。

集合卡尔曼滤波是利用集合统计的思想来估计滤波方程中的分析误差协方差和预报误差协方差的顺序数据同化方法。该方法的主要研究思路如下:

(1)将上一时刻状态的分析场输入预报模式得到当前时刻的背景场,并根据背景场和观测的误差分布特征设计状态预报和观测的误差扰动矩阵,形成扰动的背景场集合和观测集合;

(2)将背景场集合输入模式中,得到模式的预报集合,耦合预报集合和观测集合得到状态当前的分析场集合;

(3)将分析场集合作为误差分析的统计样本,利用集合样本的差异估计分析场的误差协方差矩阵;

(4)将分析场集合输入模式进行短期预报,得到一组预报值,并作为下一时刻的背景场,利用背景场集合对背景场误差协方差进行估计。

集合卡尔曼滤波的计算流程如图 8.6 所示。

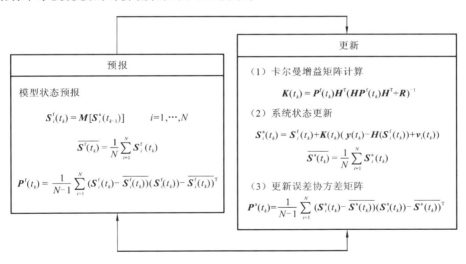

图 8.6　集合卡尔曼滤波的计算流程

8.2.2　同化方案

EnKF 属于序贯数据同化方法,即按照观测时间的先后顺序,在对应的观测时刻同化一次观测数据,更新一次状态向量。EnKF 最早由 Evensen(1994)提出,后来 Burgers 等(1998)对该方法做了进一步阐明。基于蒙特卡罗方法的集合卡尔曼滤波,是一种利用集合统计来表示模型的状态和误差分布的方法,并通过模型状态不断地向前积分,更新背景

场和分析误差的协方差(Huang et al.,2008)。当有新的观测信息可用时,同化分析方案作用于模型的状态集合,利用当前时刻的观测集合和模型预报集合,更新当前模型的状态值和误差分布。

当前,EnKF已经成功地应用在很多领域,比较有代表性的有大气和海洋领域中的数值预报(贺可强 等,2015)、区域-全球水文气象领域中的陆-气相互作用分析(Huang et al.,2008)及流域水循环领域中的参数估计和水文分析(Xie et al.,2010)等。近年来,该方法在许多扩展领域中崭露头角,不乏新的成功案例。目前,在山体滑坡等灾害研究领域,极少有引进集合卡尔曼滤波分析方案或其他同化分析方案的公开发表刊物。本章探索性地将集合卡尔曼滤波数据同化的方法用于分析山体滑坡的变形演化特征与水文因子,如水位变动和降雨的响应机制。

滑坡的动态演化过程可以用差分或微分的形式表示,即在驱动条件(如水位变动和降雨等)和模型参数既定的情况下,模型状态随时间的演进向前迭代积分。因此,滑坡演化过程可以表示为一个非线性随机过程:

$$S_{t+1}=f(S_t,U_{t+1})+\omega_{t+1} \tag{8.17}$$

式中:t 为时间;S 为状态向量,包括模型参数和变量;f 为非线性的预报算子;U 为一组与时间相关的驱动数据(如降雨);w 为模型误差。

在EnKF框架内,观测包括直接观测和以遥感手段为代表的间接观测,都可以表示为观测算子与模型状态向量两个矩阵的乘积,即

$$y_t=H(S_t)+\varepsilon_t \tag{8.18}$$

式中:y_t 为观测向量;H 为观测算子,用于表示模型状态向量 S 和观测算子 y 之间的转换关系,该算子在同化过程中将模型状态向量从状态空间转换到观测空间。考虑到同化前的准备工作:采用POT技术处理SAR影像解算出滑坡位移;并在得到滑坡位移序列之后,采用时间序列分解法从滑坡位移中分离出周期项位移;而状态向量本身包含有周期项位移,因此,通过以上处理过程而设计的观测算子里只包含0和1两个矩阵元素。式(8.18)中ε代表观测误差,假设ε是在时间和空间上相互不相关的白噪声,其均值为0,标准差与观测值成比例,ε的大小取决于观测手段和解算法的精度。例如,利用POT技术得到位移的观测值,其理论精度为(De Zan,2014)

$$\sigma=\sqrt{\frac{3}{10N}}\frac{\sqrt{2+5\gamma^2-7\gamma^4}}{\pi\gamma^2} \tag{8.19}$$

式中:γ 代表相干性;N 是搜索窗口内所有的像素个数,本次实验窗口大小为 11×11,因此 N 等于121。角反射器的相干性通常为 $0.8\sim0.9$,相干性越大,得到的精度越高,取 $\gamma=0.8$ 并代入式(8.19)计算,得到的理论精度为 0.0364 m。因此在试验中,设定周期项位移的误差缩放因子为0.4。

本节通过耦合公式(8.17)和式(8.18),即模型状态预报和观测量的迭代求解,得到模型参数和状态更准确的估计值,这一耦合迭代过程源自于数据同化的基本思想。EnKF利用状态向量(先验状态向量 S_t)的集合,通过将动态方程(8.17)向前积分求解下一时刻

状态向量并同化当前时刻的观测信息(y_{t+1}),得到下一时刻状态向量的集合预报(后验状态向量 S_{t+1})。EnKF 的同化过程可以表示如下:

(1) 根据观测场误差的先验知识(式(8.19)),对观测量进行误差扰动,形成下一时刻的观测集合 y_{t+1};

(2) 根据背景场的误差分布,对上一时刻模型状态向量 S_t 进行误差扰动,并代入式(8.17)向前积分,计算下一时刻的状态向量 S_{t+1};

(3) 根据模型状态和观测场的误差分布,计算 $t+1$ 时刻的卡尔曼增益;

(4) 在 EnKF 框架下,利用状态向量 S_{t+1} 和观测集合 y_{t+1} 之间的差异,计算 $t+1$ 时刻状态向量的分析场;

(5) 利用分析场的集合差异估计分析场误差协方差,并作为下一时刻的背景场误差。EnKF 同化分析方案如图 8.7 所示。

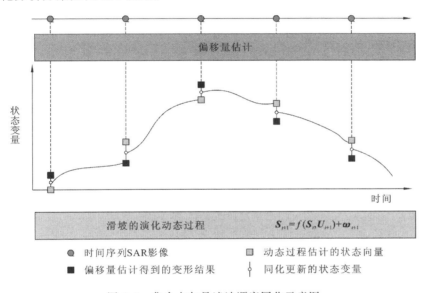

图 8.7　集合卡尔曼滤波顺序同化示意图

重复步骤(1)~(5),同化系统将继续往下一时刻运行。

8.3　树坪滑坡变形观测结果与分析

从变形图 8.8 可以看出,树坪滑坡地区安装有 18 个角反射器,其中 CR8、CR17 和 CR18 位于滑坡变形区域之外的稳定地区。这三个角反射器,在近两年的观测时段内基本保持着稳定的状态。图 8.8 显示,从 HS 和 SM 两种模式的数据源得到的累积位移量均不超过 0.1 m。在坡体外的稳定地区,这样的变形观测结果是合理的,与实际情况相符。因此,可以证实本章所采用的 POT 方法应用在因滑坡而引起的变形问题上是可靠的。

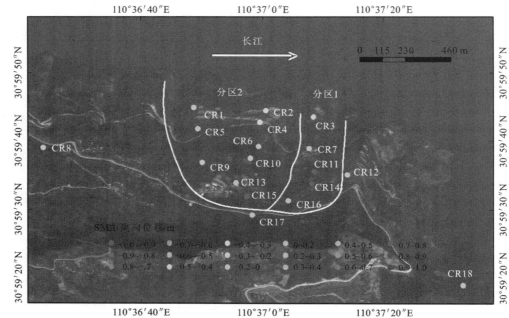

（a）处理2008年7月21日至2010年5月1日的 SM 数据集，得到的距离向位移

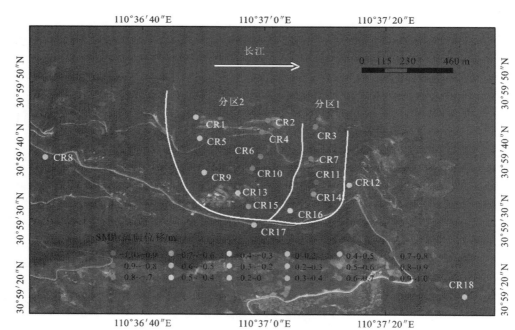

（b）处理2008年7月21日至2010年5月1日的 SM 数据集，得到的方位向位移

图 8.8　POT 方法监测到的形变结果

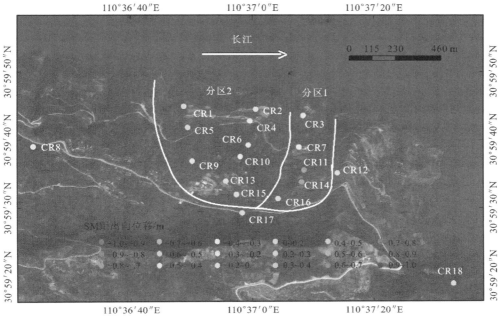

（c）处理2009年2月21日至2010年4月15日的 HS 数据集，得到的距离向位移

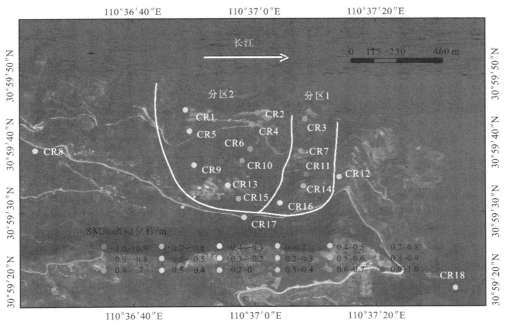

（d）处理2009年2月21日至2010年4月15日的 HS 数据集，得到的方位向位移

图 8.8　POT 方法监测到的形变结果（续）

从形变监测结果(图 8.8)可以看出,虽然,HS 模式数据的视角比 SM 模式数据大 15°,两种模式的数据源经 POT 计算得到的角反射器上的位移,包括雷达方位向和距离向两个方向,在相同监测位置上的监测结果基本是一致的,保持着较一致的空间分布特征。从形变图 8.8 还可以看出,树坪滑坡形变分布的空间格局,随监测位置的变化而变化。整体上,分区 1 所代表的滑坡体形变分布较分区 2 所代表的滑坡体有很大的差异。具体表现在以下方面:

(1) 在方位向上,如图 8.8(b)和(d),位于分区 1 内的角反射器 CR3、CR7、CR11、CR14 及 CR16,其累计位移呈现出较均匀的分布特征,最大有米级的变形量朝长江方向下移;

(2) 在距离向上,如图 8.8(a)和(c),基本上呈现出一个接近于高程相关的位移分布特点:在分区 1 上部(滑坡前缘)的变形较大,而其下部(滑坡后缘)则表现出较为稳定的状态;

(3) 作为对比,分布在分区 2 内的角反射器,只有在东半部靠近分区 1 的角反射器 CR2、CR4、CR10、CR13 和 CR15 显示出较大的变形,剩余其他部位的角反射器,都基本保持在稳定的状态。

位于分区 2 东部的角反射器,在方位向和距离向上的累积位移空间分布与分区 1 内的角反射器相似,这两个区域内变形基本同步,由此可以认为分区 2 东部与分区 1 内坡体具有相同的变形机制。

如表 8.2 所示,根据角反射器的位置和形变特征,18 个角反射器被分成了 5 组。考虑到滑坡体上的 14 个角反射器的安装位置及其形变演化特征,人工将位于分区 1 和分区 2 内的角反射器分成了 3 组。位于分区 2 的西部的 3 个角反射器 CR1、CR5 和 CR9 被分为第一组。如图 8.9 所示,这一组角反射器的累积形变量均不超过 0.1 m,也就是说在整个研究时间段内,分区 2 西部的滑坡体仍处于较为稳定的状态。

表 8.2　18 个角反射器的分组情况

组别	角反射器编号
参考点	CR12
滑坡体外部	CR8、CR17、CR18
第一组	CR1、CR5、CR9
第二组	CR2、CR3、CR4、CR6、CR7、CR10
第三组	CR11、CR13、CR14、CR15、CR16

位于滑坡体上部和中部的角反射器 CR2、CR3、CR4、CR6、CR7 和 CR10 被分为第二组。位于滑坡体下部的角反射器 CR11、CR13、CR14、CR15 和 CR16 被分为第三组。这两个分组内的角反射器均表现出了显著形变,而且在研究的时间跨度内,两组形变在距离向和方位向都呈现出了相同的演化特征。

对于两种模式的数据源来讲,它们对应的反演形变也存在一定的差异,如在 2009 年 2~7 月,两者在距离向位移上便存在差异,如图 8.8 和图 8.9 所示。如前所述,两种数据模式获取的影像视角相差 15°,而距离向位移等于视角的余弦值乘以垂直向位移。也就是在垂直位移一定的情况下,较大的视角(HS 模式)对应着较大的距离向位移。因此可

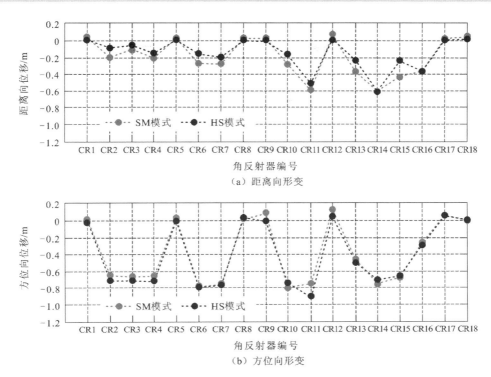

图 8.9　2009 年 2 月至 2010 年 4 月,树坪滑坡地区角反射的距离向形变和方位向形变

以说,两种模式的数据,经反演得到的距离向位移会存在一定的差异,差异的大小与该点的垂直向位移大小成比例。

由于第二组和第三组内的角反射器具有相同的变形演化特征,本章将分别在两组角反射器中选择一个用于后续分析。一个是位于滑坡前缘、分区 2 东部的角反射器 CR2,另一个是位于滑坡后缘、分区 1 内的角反射器 CR14。

8.4　时间序列形变分解

本章的研究工作集中在如何实现 POT 反演的位移时间序列与影响滑坡体变形演化的潜在因素(库水位和降雨)的耦合分析。考虑到季节性波动的水文因子是造成滑坡位移波动(周期位移)的关键因素(Ren et al.,2015),本节将采用时间序列位移分解法,将 POT位移测量值分解为趋势项位移和周期项位移以便后续分析和计算。

8.4.1　时间序列形变分解法

时间序列位移分解法要求输入的位移数据具有相同的时间间隔。尽管 TerraSAR-X的固定重返周期是 11 天,在长时间序列 SAR 影像获取期间,因系统通信故障或其他技术等不可控因素的影响,序列影像仍然会有部分时间缺失的现象。原始 SAR 影像的缺少,使得 POT 的序列位移解算过程中,相应地缺少某些观测日期的观测数据。因此,对于这些因通信故障或其他原因没有 SAR 观测日期的,本书会采用三次样条插值的方法通过插值获得对应时段的位移观测。时间序列位移分解法原理如图 8.10 所示。

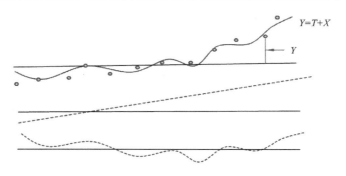

图 8.10　时间序列位移分解原理

T—反映滑坡均速递增变化;X—非线性周期变化

　　三峡库区范围内的滑坡,受库水位涨落、降雨及其他随机扰动的影响,其形变显示出非线性、非平稳动态随机过程的特征。实验中,为减少随机扰动对位移数据的影响,需要采用一定的去噪方法去除随机噪声的影响。序列数据滤除噪声之后,再利用时间序列位移分解法将 POT 测量的位移序列分解为趋势项位移和周期项位移。趋势项位移代表滑坡形变发展的主方向,是时间上的单调递增函数,其值的大小取决于坡体自身的地质条件,实验中利用多项式拟合的方法进行计算。周期项位移主要受库水位的涨落及降雨等季节性因素的影响,其值随季节的变化呈现出重复的周期性波动。本章中的周期项位移,利用 POT 序列观测值减去估计的趋势项位移得到。图 8.11 给出了时间序列分解的处理过程。

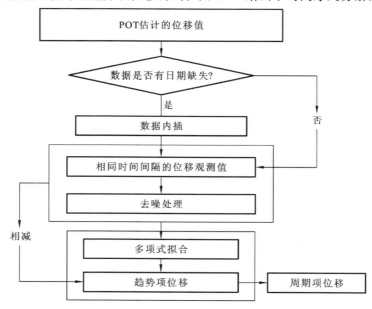

图 8.11　时间序列位移分解流程

有研究表明,利用移动平均方法去除因随机干扰而产生的噪声扰动非常有效,该方法在去除短期扰动的同时,能够凸显出长期的信号,如周期项或趋势项(Seng,2013;Xu et al.,2011)。因此,实验中拟采用移动平均法去除 SM 数据集对应的变形序列中的随机噪声影响。为保存周期性水文因子对位移波动的贡献,去噪过程中需设定移动平均法的移动时间间隔小于周期因子的波动周期。具体来讲,将 SM 数据集中连续 16 个序列的历史位移测量窗口设置为移动窗口用于移动平均分析,第一个移动窗口对应的位移观测时段是 2008 年 9 月 3 日至 2009 年 2 月 15 日,共计 16 个观测序列。16 个观测序列的时间跨度为 176 天,约为水文因子周期的一半(水文因子的变动周期为一年)。然而,HS 数据集对应着从 2009 年 2 月至 2010 年 4 月的位移时间序列,水文因子的周期为一年,而 HS 数据集整个观测周期里只存在一个完整的水文周期。如果用 16 个序列的历史位移测量值作为移动窗口进行移动平均分析,此时便不能在一个周期内完整地分析周期位移与水文因子的响应关系。因此,对 HS 数据集对应的位移序列需要采用其他的去噪方法,以同时满足去除随机噪声的影响和保存完整的周期分析数据。

在灰色预测模型中,位移时间序列的处理采用了一次累加生成(accumulated generating operation,1-AGO)方法,研究表明 1-AGO 方法可以削弱原始观测序列中随机性噪声的干扰(Kayacan et al.,2010;Deng,1982)。因此,在后续实验中将会继续探讨 1-AGO 方法在消除 POT 变形序列中随机噪声影响的有效性。由于 SM 数据集对应的位移时间序列可以同时使用移动平均法和 1-AGO 方法去除噪声,因此在 1-AGO 方法去除噪声的可行性分析中,将会选择 SM 数据对应的位移时间序列数据用作实验数据。对相同角反射器的位移时间序列,同时采用移动平均法和 1-AGO 方法去除噪声,并把两种方法最终计算得到的周期性形变进行分析比较,以判断 1-AGO 方法的可行性。

8.4.2　形变分解结果与分析

8.4.1 节已经介绍,移动平均法是消除时间序列位移观测数据中随机噪声干扰的理想方法。由于移动平均法需要 16 个序列的历史观测数据构建移动窗口,用于周期性响应分析。对于 HS 数据集而言,整个观测周期内只有一个完整的周期位移观测(周期为一年),如果利用 16 个序列观测构建移动窗口,则剩余观测数据将不能构成一个完整的周期,也就无法在一个完整周期内研究位移与影响因子之间的响应机制。因此 1-AGO 被选为替代方法,用于去除 SAR 位移观测值序列中随机误差的干扰。

为评估 1-AGO 方法在去除随机噪声中的可行性,本节将选取 SM 数据集反演的位移时间序列作为可行性分析的实验数据。并对相同角反射器对应的位移时间序列同时采用移动平均和 1-AGO 两种方法去除噪声的影响。将两种去噪方法得到的周期性形变进行对比分析以判断 1-AGO 是否可以作为 HS 位移序列噪声滤除的替代方法。在 1-AGO 的可行性分析中,本节选取位于分区 1 内的角反射器 CR14 和位于分区 2 内的角反射器 CR2 的位移时间序列用于方法的可行性分析。采用时间序列位移分解法,将去噪后的位移序列分解为趋势项位移和周期项位移。趋势项位移用多项式拟合的方法提取,周期项位移利用 POT 序列观测值减去估计的趋势项位移得到。所得的周期性位移如图 8.12 和图 8.13 所示。

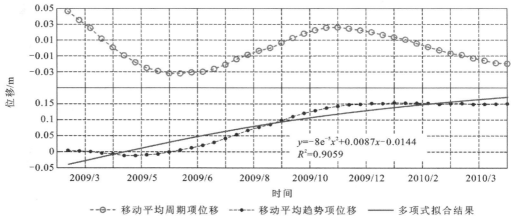

（a）角反射器 CR2 采用移动平均法得到的距离向位移

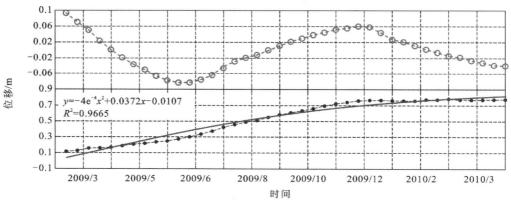

（b）角反射器 CR2 采用移动平均法得到的方位向位移

图 8.12　角反射器 CR2 和 CR14 采用移动平均法得到的分解结果

　　图 8.12 为采用移动平均法去噪后得到的角反射器 CR2 和 CR14 上的位移沿方位向和距离向的分解结果。从分解结果可以看出,四组周期项位移的分解结果具有相似的变化趋势,表明在相同的水文条件影响下,滑坡体上两个角反射器在距离向和方位向上的位移周期波动具有相似性,这是符合实际情况的。对比图 8.13 中 1-AGO 方法得到的结果,可以发现图 8.13 中的周期位移分解结果具有相同的特点,且与图 8.12 中的位移具有相同的变化趋势。简言之,两种去噪方法得到的周期项位移差异性较小,具有相同的发展趋势。由此说明,两种方法在去除 POT 位移序列随机噪声扰动方面均具有较强的稳定性。

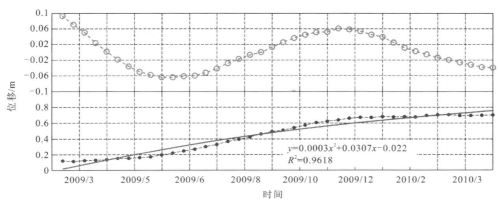

（c）角反射器 CR14 采用移动平均法得到的距离向位移

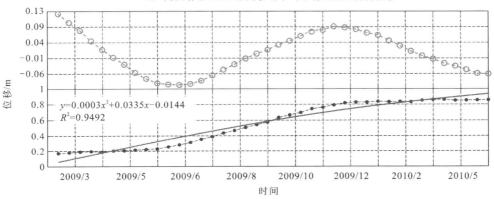

（d）角反射器 CR14 采用移动平均法得到的方位向位移

图 8.12　角反射器 CR2 和 CR14 采用移动平均法得到的分解结果（续）

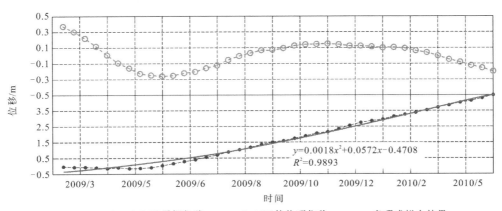

（a）角反射器 CR2 采用 1-AGO 方法得到的距离向位移

图 8.13　角反射器 CR2 和 CR14 采用 1-AGO 方法得到的分解结果

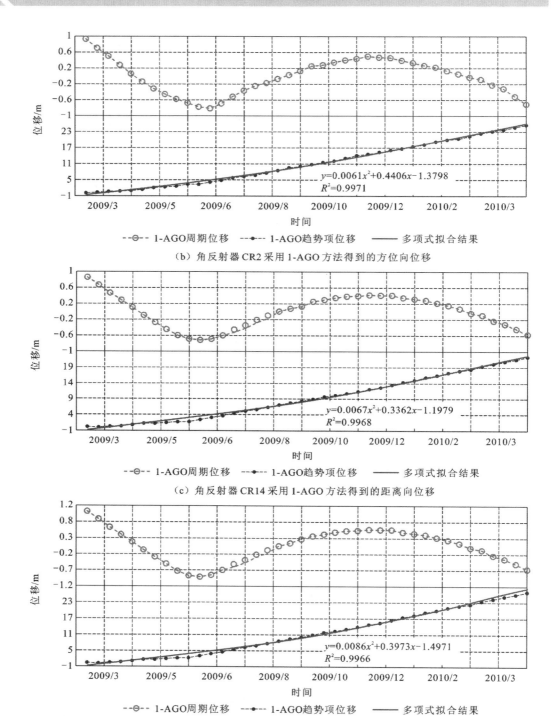

（b）角反射器 CR2 采用 1-AGO 方法得到的方位向位移

（c）角反射器 CR14 采用 1-AGO 方法得到的距离向位移

（d）角反射器 CR14 采用 1-AGO 方法得到的方位向位移

图 8.13　角反射器 CR2 和 CR14 采用 1-AGO 方法得到的分解结果（续）

由于 1-AGO 方法涉及位移序列的一次累加,图 8.13 中的位移分解结果也经过了累加计算。因此,该方法给出的周期项和趋势项位移的数值结果也是经过多次累加之后的放大结果。对于趋势项位移来讲,放大后的幅度大小取决于对应角反射器上的时间序列形变值的累加数值。而对于周期项分量,由于该项主要受库水位和降雨因子的周期性变化的影响,其波动趋势仍旧保持不变,幅度约为移动平均法计算的周期项位移的 10 倍,如图 8.14 所示。

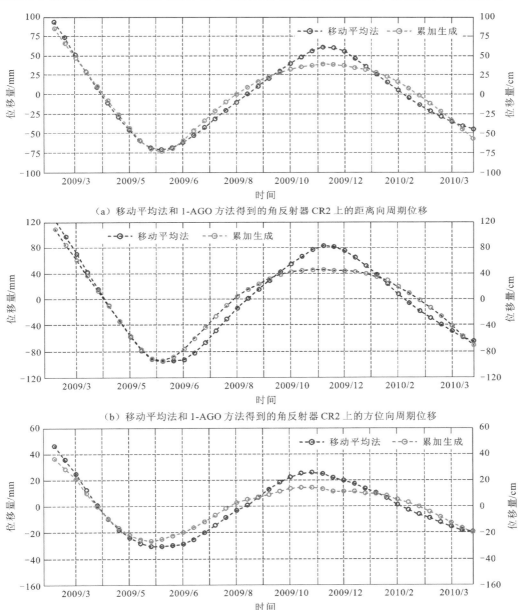

（a）移动平均法和 1-AGO 方法得到的角反射器 CR2 上的距离向周期位移

（b）移动平均法和 1-AGO 方法得到的角反射器 CR2 上的方位向周期位移

（c）移动平均法和 1-AGO 方法得到的角反射器 CR14 上的距离向周期位移

图 8.14　移动平均法和 1-AGO 方法得到的角反射器 CR2 和 CR14 上的周期位移

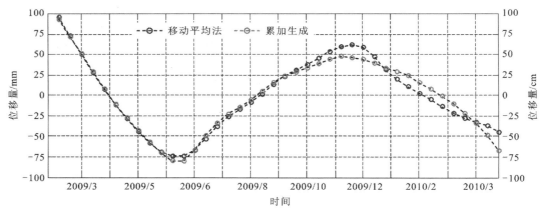

（d）移动平均法和 1-AGO 方法得到的角反射器 CR14 上的方位向周期位移

图 8.14　移动平均法和 1-AGO 方法得到的角反射器 CR2 和 CR14 上的周期位移（续）

8.5　滑坡形变观测数据与水文因子的响应机制分析

8.5.1　滑坡形变的外界影响因素

8.4 节采用时间序列位移分析法，成功地从两个角反射器（CR2 和 CR14）上的 POT 位移监测结果中分解出了周期项位移。本节将利用分解出的周期项位移研究位移波动与诱发因子之间的相互关系。

采用灰色关联度分析法来确定周期位移与库水位以及降雨因子之间的关联程度。灰色系统理论由 Deng（1982）提出，该方法适用于信息量不完整和信息不能完全确定时观测序列的处理。基于灰色系统理论的灰色关联度分析可以有效地处理复杂的多特征或多变量之间的相互关系（Lin et al.，2002）。通过灰色关联度分析可以得到数据之间的灰色关联。关联度值的取值范围是 −1～1，关联度可用于评估数据之间的相关性，数值越接近于 1，表明数据之间的关联性越高。表 8.3 列出了周期位移与库水位以及降雨因子之间的关联度，可以看出 SAR 位移时间序列的周期项部分与库水位的变动以及季节性降雨均有很强的关联性。

表 8.3　周期性变形与库水位及降雨的灰色关联度

数据源		库水位	降雨
SM 模式	距离向	0.878	0.776
	方位向	0.878	0.776
HS 模式	距离向	0.864	0.807
	方位向	0.863	0.807

　　自 2003 年以来，三峡库区水位从 65 m 增加至 175 m，该过程总共经历了三个阶段。第一阶段：2003 年 6 月，水库开始蓄水，水位提升至 135 m，水位的变动范围为 130～135 m；第二阶段：2006 年 10 月，水位提升至 156 m，此后至第三阶段值前库水位变动范围为 135～156 m；第三阶段：2008 年 11 月，水位提升至 175 m，此后的每个完整蓄水周期内，库水位的变动范围均为 145～175 m。树坪滑坡历史监测结果表明，该地区自 2003 年三峡库区蓄水以来，坡体的变形在持续地增加（Wang et al.，2008a）。

　　水位的周期性波动对周边岩土体的物理力学特性产生了极大的影响，也因此影响到了滑坡体的稳定性。监测结果和数值模拟结果均表明，当三峡库区水位下降时，坡体渗透性系数较低，导致坡体内地下水位下降滞后于库水位的下降，并且库水位下降速度越快，引起滑坡体的变形速度越快。同时，树坪滑坡坡体较为陡峭，一旦滑坡体下缘开始滑动，就会造成坡体上缘失去支撑，形成一个下部变形牵引上部变形的牵引作用。而库水位上升的时候，会有一个指向坡体内部的动水压力，反而会在一定程度上有利于坡体的稳定。因此，库水位的下降是影响周期位移的最主要因素。

　　研究表明，滑坡的变形主要受三峡库区水位波动和降雨因素的影响，且滑坡形变在雨季、库水位下降的时期变化最为活跃（Tomás et al.，2014；He et al.，2008；Wang et al.，2008a）。三峡库区属亚热带季风气候，雨季集中在每年的 6～10 月，年平均降雨量超过 1 200 mm。树坪滑坡位于三峡强降雨区，降水充沛，具有持续性的大雨、暴雨的特点。由于树坪滑坡地处相对较低洼的区域，因此具有天然的储雨和汇水条件，这一条件促进了滑坡后部裂隙的发育。坡体的变形发育，同时促使滑坡周界（滑坡体与周围不动坡体在平面上的分界线）裂缝进一步地张裂扩大，此时强降雨会沿着裂缝入渗至斜坡内并转化成为地下水，造成裂隙周围的孔隙水压力增大，孔隙水压的增大促进了破裂面的发展与贯通，最终会形成滑面。与此同时，降雨入渗形成的地下水会软化潜在的滑面，降低其抗剪强度。因此，大气降雨也是树坪滑坡形成的重要因素之一。

　　从图 8.15 可以看出，周期项位移随库水位和降雨的变化而波动。在雨季，不管水位保持稳定还是处于上升状态，周期项位移都会增大。而在当年雨季结束，来年雨季到来之前，周期项位移会随着库水位的下降逐渐地减小至最低。也有研究表明，树坪滑坡形变主要受三峡库区水位下降（每年的 4～6 月）的影响，基本不受库水位快速上升的影响（Shi et al.，2015；王力，2014）。2008 年和 2009 年的 9～11 月，库区水位均快速地从 145 m 上升至 175 m，这期间周期变形总的浮动很小，况且这里的变动还有一部分来自降雨的影响。因此，库水位上升对树坪滑坡的变形影响很小，且水位上升的速度与变形的快慢并无对应关系。而库水位的下降则对滑坡的变形影响较大，图 8.15 显示 2008 年和 2009 年，每年的 11 月至次年的 4 月，库水位均从 170 m 快速降至 145 m，在下降过程中，滑坡的周期项位移会呈现出快速变化状态。对比图 8.15(a)、(b)与(c)、(d)可知，库水位下降速度越快，滑坡形变就会越剧烈。以上说明在树坪滑坡地区，三峡库区水位的涨落是影响周期位移最重要的因素。

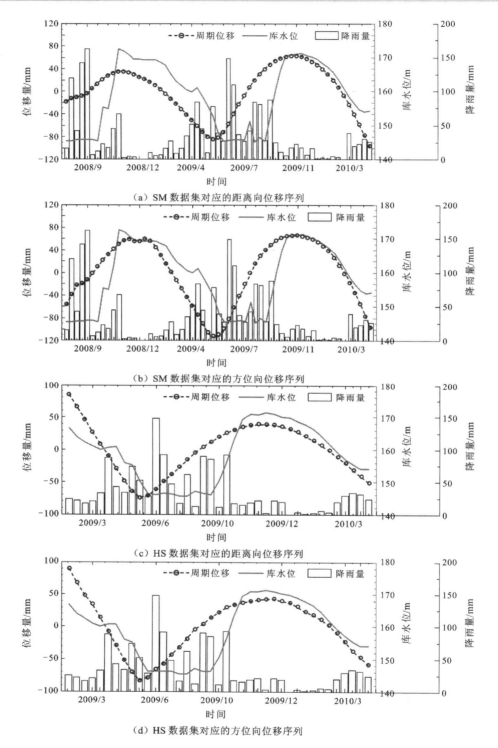

（a）SM 数据集对应的距离向位移序列

（b）SM 数据集对应的方位向位移序列

（c）HS 数据集对应的距离向位移序列

（d）HS 数据集对应的方位向位移序列

图 8.15　SM 数据集和 HS 数据集对应的周期项位移提取结果

三峡地区雨季集中在每年的 6~10 月。在这期间,水库蓄水水位处于一年中的最低水平,因而每年的 6 月和 10 月,处于低水位、稳定态的库水位不会对形变产生影响。因此,这期间可以清晰地得出降雨量对变形状态的影响,如图 8.15 所示。通常,在每年的 11 月,雨季刚结束,库水位此时仍处于一年中的最低水平时,滑坡的周期位移会达到一年中的最大值。由此可推断,降雨是造成树坪滑坡形变演变的重要因素之一。只是相比于库水位而言,降雨对滑坡形变的影响稍小一些。

8.5.2 同化结果与分析

以上事实充分说明,水的作用是影响树坪滑坡的最活跃、最积极因素。因此,降雨和水库蓄水如何对滑坡产生影响,一直成为滑坡机理研究和预测的重要课题。本章以三峡库区树坪滑坡为研究对象,采用数据同化的方法对库水联合降雨作用下的树坪滑坡的复活机理进行深入的研究与分析。

8.5.1 节对周期位移与库水位、降雨的关系做了定性的描述。本节将在此基础上,对它们之间的关系做定量的分析。引入 EnKF 来定性地表达库水位与降雨耦合作用下树坪滑坡的变形响应机制。POT 位移测量结果的时间间隔是 11 天,假设 11 天内周期位移的变化非常小,如图 8.14 所示,此时可认为周期项位移是平滑波动的。因此,可将周期项位移看作是库水位和降雨的函数,并用泰勒级数展开,表示为

$$d(w_{t+1}^i, r_{t+1}^i) = d(w_t^i, r_t^i) + \left(\frac{\partial d}{\partial w}\right)_{w_t} (w_{t+1}^i - w_t^i) + \frac{1}{2}\left(\frac{\partial^2 d}{\partial w^2}\right)_{w_t} (w_{t+1}^i - w_t^i)^2$$
$$+ \left(\frac{\partial d}{\partial r}\right)_{r_t} (r_{t+1}^i - r_t^i) + \frac{1}{2}\left(\frac{\partial^2 d}{\partial r^2}\right)_{r_t} (r_{t+1}^i - r_t^i)^2 + g_t^i$$
$$g_t^i \sim N(0, \Omega_t), \quad i = 1, 2, \cdots, N_e \tag{8.20}$$

式中:d 为周期位移;w_t^i、r_t^i 为 t 时刻的库水位和降雨;$\frac{\partial d}{\partial w}$、$\frac{\partial d}{\partial r}$、$\frac{\partial^2 d}{\partial w^2}$ 和 $\frac{\partial^2 d}{\partial r^2}$ 分别为某一时刻周期位移对库水位或降雨的一次或二次偏导;g 表示泰勒展开式中三次或更高阶的余项,数值较小。定量描述位移与触发因子之间的关系,要求观测数据具有相同的量纲,否则不能同时参与计算。因此在深入分析前,先采用极值标准化的方法对数据进行归一化处理,以消除量纲不统一的影响(Li et al.,2014)。

同化实验中,集合大小 N_e 设为 1 000,标准差 g 的大小等于缩放因子 10% 乘以当前预测的变量值。由于 $\frac{\partial d}{\partial w}$、$\frac{\partial d}{\partial r}$、$\frac{\partial^2 d}{\partial w^2}$ 和 $\frac{\partial^2 d}{\partial r^2}$ 是一次或二次偏导数并随时间变化,无法给出确定的值。因此,在同化过程中将四个偏导数作为模型参数同时放入状态向量中参与系统预报与更新,系统通过迭代,序贯地向前运行,在有观测的时刻,同化位移观测数据以及库水位和降雨数据,完成状态向量和模型参数的更新,并继续向前运行至下一时刻。

角反射器 CR14 在 2009 年 2 月至 2010 年 4 月,周期位移的同化结果如图 8.16 所示。其中,图 8.16(a)和(c)给出了 SM 位移序列沿雷达距离向和方位向的同化结果以及经参数优化后的模型模拟结果,图 8.16(b)和图 8.16(d)是对应的同化误差;图 8.16(e)和图 8.16(g)给出了 HS 位移序列沿雷达距离向和方位向的同化结果以及经参数优化后

的模型模拟结果,图 8.16(f)和图 8.16(h)是对应的同化误差。同化结果表明:随着新的观测的加入,数据同化可以提供更准确的周期位移估计值;同时经过参数优化后的模型模拟结果也变得比同化刚开始运行时的预测结果更加可靠。从图 8.16 的误差结果可以看出,在 EnKF 运行之初同化误差较大,最大的周期位移误差可达 25 mm,随着不断地融入新的观测信息,同化误差开始逐渐地减小。但是,由于动态过程中涉及参数和观测都存在一定的误差,因此同化误差只会逐渐地收敛至某一值,并不会无限制地减小。

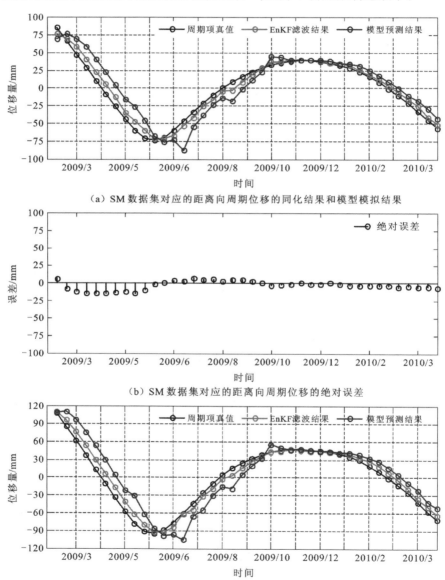

（a）SM 数据集对应的距离向周期位移的同化结果和模型模拟结果

（b）SM 数据集对应的距离向周期位移的绝对误差

（c）SM 数据集对应的方位向周期位移的同化结果和模型模拟结果

图 8.16　2009 年 2 月至 2010 年 4 月,角反射器 CR14 周期项位移的同化结果和对应的绝对误差

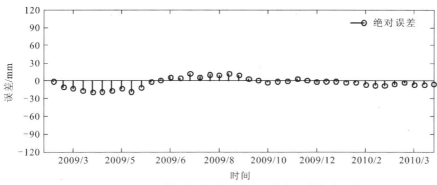

（d）SM 数据集对应的距离向周期位移的绝对误差

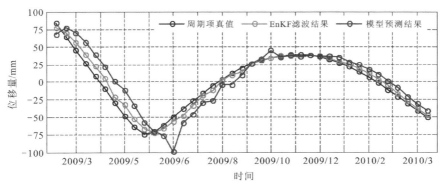

（e）HS 数据集对应的距离向周期位移的同化结果和模型模拟结果

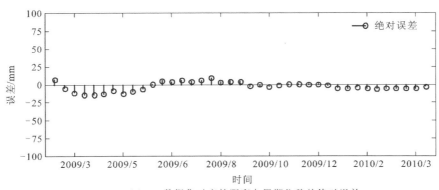

（f）HS 数据集对应的距离向周期位移的绝对误差

图 8.16　2009 年 2 月至 2010 年 4 月期间，角反射器 CR14 周期项
位移的同化结果和对应的绝对误差(续)

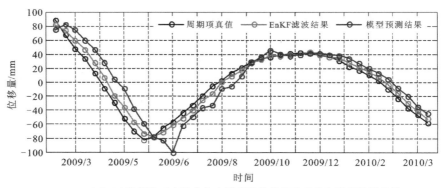

（g）HS 数据集对应的方位向周期位移的同化结果和模型模拟结果

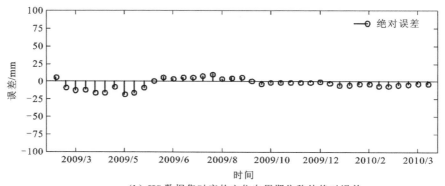

（h）HS 数据集对应的方位向周期位移的绝对误差

图 8.16　2009 年 2 月至 2010 年 4 月，角反射器 CR14 周期项位移的同化结果和对应的绝对误差（续）

在同化过程中，模型的四个参数也同时参与了更新与优化，因此周期位移的预报误差也随着新的观测信息的加入而减小。实验中，当同化系统运行至完成同化 SM 位移序列 2010 年 4 月 20 日的观测量以及 HS 位移序列 2010 年 4 月 15 日的观测量时结束。同化结束后，动态过程将采用更新后的模型参数对 SM 和 HS 对应的周期位移序列作短期预报。预报结果见表 8.4：随着时间的推移，SM 和 HS 对应的周期位移都具有逐渐减小的趋势，这与周期分析是相吻合的。具体而言，三峡库区水位在每年的 5 月已处于较低水平（约 155 m），至 6 月库水位基本处于最低水平（145 m），而雨季一般从 6 月开始，也就是说每年的 5 月，水的影响是一年中最弱的时候。因此，每年的 5 月，周期位移都会逐渐减小至最低水平，后期随着汛期（6～10 月）的到来，周期位移又会逐渐地增大。

表 8.4　周期位移的短期预报结果

日期	距离向/mm	方位向/mm
2010/4/26（HS）	−46.9	−54.3
2010/5/1（SM）	−49.4	−59.1
2010/5/7（HS）	−43.6	−50.1
2010/5/12（SM）	−42.9	−51.4

从表 8.4 给出的结果可以看出,虽然 SM 和 HS 两个序列的预报结果在时间上并没有严格对应,但它们的周期位移预测的波动趋势却是一致的,因此也说明 EnKF 的数据同化方法,在库水位耦合降雨对滑坡形变影响的研究中是可行的。另外,由于实验过程中将模型参数也放进了状态变量中,形成状态-参数的同步更新,这种更新方式计算结果的好坏较依赖于参数与状态变量之间的关联度。如果两者关联度很小,则不能保证同步同化能取得很好的结果。

以上分析证实了 EnKF 在滑坡形变研究中的有效性。随着新的观测信息地加入,该方法可以同步地更新滑坡的变形状态以及滑坡动态过程的参数。近些年,EnKF 凭借其可移植性强、系统稳定性高等优势,在地球科学领域中有着广泛的应用(Xie et al.,2010;Evensen,2009)。而在滑坡灾害研究领域,EnKF 的应用潜力还需要进一步地探索实现。例如,如何实现滑坡形变机理模型(如大型岩土数值模拟软件三维快速拉格朗日有限差分法(FLAC3D))与直接观测(实地测量)及间接观测(遥感反演结果)的耦合分析。如果能够实现滑坡机理模型与滑坡形变的直接观测和间隔观测的协同优化,那么数据同化必将会在地质灾害的早期预警、预报系统建立方面发挥重大作用。

当前,在特定的应用领域中,同化结果的好坏还受到模型误差、观测误差以及集合大小的影响。例如,在设计同化系统时,需要提供给 EnKF 动态观测以及模型预测的先验误差以便更好地耦合模型预测与观测信息。然而,在实际情况中,由于很难准确地知道误差的来源以及各种误差的统计特征,因此很难准确地得到模型或者观测的先验误差。本次实验中,假设模型的预报值或观测值越大,引入进系统的误差越大。因此,误差项通过引入缩放因子来计算当前的观测或模型预报误差(误差=缩放因子×当前状态值)。通常可以适当将误差设定的大一些,尽量不要过低地估计误差的大小,因为误差的低估更容易引起滤波的发散。当然过高的误差估计也会引起同化系统的不稳定,且系统的不稳定还会通过背景场传递到后续的运行过程中,从而影响同化的顺利进行。

集合是 EnKF 中状态变量的一系列的实现,可以用来近似地表示状态或观测变量的统计分布。一般来讲,增大集合数可以更准确地表达与向下传递误差的分布情况,然而,集合的增加也会带来相应的计算负担。如果计算量不是很大的情况下,通常会选择较大的集合数(本文集合数是 1 000),以便得到更加准确的同化结果。如果模型本身是一个大型的复杂三维模型,且运行速度较慢,此时在设计同化方案的时候,通常需要在模型估算精度和计算量之间选择一个折中的方案以兼顾系统计算精度和运行效率。

8.6　数据同化在滑坡研究中的应用前景

我国是一个地质灾害发生频繁的国家。在六大地质灾害类型中,山体滑坡是最常见的,数量占地质灾害总量的 70% 以上,广泛分布于从太行山到秦岭,经鄂西、四川、云南到藏东一带。滑坡是一种能够破坏山区基础建设,摧毁水利水电设施,引起环境异常变化等的剧烈地表改造作用。同时,滑坡灾害具有成因机制复杂、防治难度大及灾变损失严重等特点,其研究和防治需要经过多学科的综合交叉实现。

在认识滑坡发展演化过程中,观测和模拟是两种最基本的认知手段。特别是近些年来,以时间序列 SAR/InSAR 为代表的新一代雷达对地观测技术,可以在区域范围内进行高精度的形变监测,为滑坡的形变研究提供了更先进的观测手段;基于数值模拟模型的复杂岩土问题建模,可实现坡体内部变化/破坏规律的可视化,有效延伸了分析人员的认知范围,为洞悉岩土体内部破坏机理提供了有力的认知手段。如何耦合滑坡观测和机理模拟二者的优势,建立滑坡形变破坏机理与观测数据的协同预警模型,已成为滑坡监测预警研究中的重要课题。

作为"把不同时空分布的观测数据融合到数值模型的动态运行过程中"的数据同化技术,可实现变形观测数据和数值模拟有机集成,为充分发挥滑坡观测和机理模型的优势提供了理论指导。本章研究利用数据同化的方法初步实现了滑坡形变现象与触发因子之间的耦合分析。触发因子主要影响位移的波动,即周期位移,试验中,通过时间序列变形分解的方法将变形观测分解为周期项和趋势项,并利用灰色关联度的方法研究变形与诱发因子之间的关联关系,应用数据同化实现了滑坡位移与触发因子之间定量的响应关系研究。

作者认为,周期性波动的位移以及触发因子在频率域表示,其周期性变化会更为直观,而且这种关联关系在频率域也会有很好的体现。后续的工作将会考虑利用频率域位移分解的方法去除随机噪声的影响,提取周期位移,实现位移与各触发因子之间的关联分析。此外,本章应用数据同化实现的是滑坡周期位移与触发因子间响应分析,仅预报了周期项位移的发展趋势,后续还可以尝试应用机器学习算法实现滑坡趋势项位移的预报,并与周期位移的预报相结合,实现滑坡位移的整体向前预报。这一研究不仅有助于理解滑坡的形变发展趋势,更重要的是可为多源观测数据与滑坡机理模型的综合预警、预报奠定重要的理论基础。

在利用数据同化实现滑坡位移观测数据与机理模型的有机集成研究方面,以后的研究可在深入理解大型滑坡演化过程的外在表象与内在地质力学过程之间关系的基础上,深入分析滑坡多源观测数据与滑坡数值预报模型的耦合机制,通过研究利用数据同化的方法论,实现滑坡体关键状态变量模型预测与观测数据的协同反演优化,通过不断地迎难而上,逐渐地将现在的被动治理、临时避险变成为灾变前的科学、主动地防范,并最终建立起大型滑坡变形破坏机理与观测数据的协同预警预报模型,这也是滑坡灾害研究的最终目标。

8.7 本章小结

三峡地区地质条件复杂,生态环境脆弱,是滑坡等剧烈型地质灾害的频发区。考虑到当前利用时序 SAR/InSAR 技术探测滑坡形变的研究主要集中在技术创新层面,少有结合地质条件对结果进行深度解译;在耦合 SAR 形变监测与潜在诱发因子的关联响应方面更是少之甚少。本章通过研究利用数据同化的方法论,开展了滑坡形变监测与潜在诱发因子间的耦合分析,实现滑坡位移监测与水文因素变动的响应机制研究。初步结果证实了数据同化在研究滑坡形变响应机制以及理解滑坡形变发展过程中的有效性。

参 考 文 献

贺可强,杨德兵,郭璐,等,2015.堆积层滑坡水动力位移耦合预测参数及其评价方法研究.岩土力学(S2):37-46.

黄春林,李新,2004.陆面数据同化系统的研究综述.遥感技术与应用,19(5):424-430.

李新,摆玉龙,2010.顺序数据同化的 Bayes 滤波框架.地球科学进展,25(5):515-522.

李新,黄春林,车涛,等,2007.中国陆面数据同化系统研究的进展与前瞻.自然科学进展,17(2):163-173.

王力,2014.库水联合降雨作用下三峡库区树坪滑坡复活机理研究及预测评价.宜昌:三峡大学.

BJERKNES V,1911. Dynamic Meteorology and Hydrography. Carnegie:Nabu Press.

BUCY R S,SENNE K D,1970. Digital synthesis of non-linear filters. Automatica,7(3):287-298.

BURGERS G,LEEUWEN P J V,EVENSEN G,1998. Analysis scheme in the ensemble Kalman filter. Monthly Weather Review,126(6):1719-1724.

CHE T,LI X,JIN R,et al.,2014. Assimilating passive microwave remote sensing data into a land surface model to improve the estimation of snow depth. Remote Sensing of Environment,143:54-63.

CHEN Y,YANG K,ZHOU D,et al.,2010. Improving the Noah Land Surface Model in Arid Regions with an Appropriate Parameterization of the Thermal Roughness Length. Journal of Hydrometeorology,11(4):995-1006.

CHEN Y,YANG K,HE J,et al.,2011. Improving land surface temperature modeling for dry land of China . Journal of Geophysical ResearchAtmospheres,116(116):D20104.

CRESSMAN G P,1959. An operational objective analysis system. Monthly Weather Review,87(10):367-374.

DALEY R,1991. Atmospheric Data Analysis. Cambridge:Cambridge University Press.

DANARD M B,HOLL M M,CLARK J R,1968. Fields by correlation assembly-A numerical analysis technique. Monthly Weather Review,96(3):141-149.

DENTE L,SATALINO G,MATTIA F,et al.,2008. Assimilation of leaf area index derived from ASAR and MERIS data into CERES-Wheat model to map wheat yield. Remote Sensing of Environment,112(4):1395-1407.

DENG J L,1982. Control problems of grey systems. Systems & Control Letters,1(5):288-294.

DE ZAN F D,2014. Accuracy of incoherent speckle tracking for circular gaussian signals. IEEE Geoscience Remote Sensing Letters,11(1):264-267.

EVENSEN G,1994. Sequential data assimilation with a nonlinear quasi-geostrophic model using Monte Carlo methods to forecast error statistics. Journal of Geophysical Research Atmospheres,99(C5):10143-10162.

EVENSEN G,2003. The Ensemble Kalman Filter:theoretical formulation and practical implementation. Ocean Dynamics,53(4):343-367.

EVENSEN G,2009. Data Assimilation -The Ensemble Kalman Filter. 2nd edition. Berlin:Springer.

FANG H,LIANG S,HOOGENBOOM G,et al.,2008. Corn-yield estimation through assimilation of remotely sensed data into the CSM-CERES-Maize model. International Journal of Remote Sensing,29 (10):3011-3032.

FANG H,LIANG S,HOOGENBOOM G,2011. Integration of MODIS LAI and vegetation index products with the CSM-CERES-Maize model for corn yield estimation. International Journal of Remote Sensing,32(4):1039-1065.

GANDIN L S,HARDIN R,1965. Objective Analysis of Meteorological Fields. Jerusalem:Israel Program for Scientific Translations.

GILCHRIST B,CRESSMAN G P,1954. An experiment in objective analysis. Tellus,6(4):309-318.

HAN X, LI X, 2008. An evaluation of the nonlinear/non-Gaussian filters for the sequential data assimilation. Remote Sensing of Environment,112(4):1434-1449.

HE K,LI X R,YAN X Q,et al.,2008. The landslides in the Three Gorges Reservoir Region,China and the effects of water storage and rain on their stability. Environmental Geology,55(1):55-63.

HUANG C L,LI X,LU L,et al.,2008. Experiments of one-dimensional soil moisture assimilation system based on ensemble Kalman filter. Remote Sensing of Environment,112(3):888-900.

JACOBS C, MOORS E, MAAT H, 2008. Evaluation of European Land Data Assimilation System (ELDAS) products using in site observations. Tellus(60A):1023-1037.

JONES R W,1964. On improving initial data for numerical forecasts of hurricane trajectories by the steering method. Journal of Applied Meteorology,3(3):277-284.

KAHLE A B,1977. A simple thermal model of the Earth's surface for geologic mapping by remote sensing. Journal of Geophysical Research,82(11):1673-1680.

KALNAY E,2002. Atmospheric Modeling,Data Assimilation and Predictability. Cambridge:Cambridge University Press.

KALNAY E,2003. Atmospheric Modeling,Data Assimilation and Predictability. Cambridge:Cambridge University Press.

KAYACAN E, ULUTAS B, KAYNAK O, 2010. Grey system theory-based models in time series prediction. Expert Systems with Applications,37(2):1784-1789.

LI X,KOIKE T,PATHMATHEVAN M,2004. A very fast simulated re-annealing (VFSA) approach for land data assimilation. Computers & Geosciences,30(3):239-248.

LI X Z,KONG J M,2014. Application of GA-SVM method with parameter optimization for landslide development prediction. Natural Hazards and Earth System Sciences,14(3):525-533.

LIN J L,LIN C L,2002. The use of the orthogonal array with grey relational analysis to optimize the electrical discharge machining process with multiple performance characteristics. International Journal of Machine Tools and Manufacture,42(2):237-244.

MCLAUGHLIN D,1995. Recent developments in hydrologic data assimilation. Reviews of Geophysics,33 (S2):977-984.

MITCHELL K E, LOHMANN D, HOUSER P R, et al.,2004. The multi-institution North American Land Data Assimilation System (NLDAS):utilizing multiple GCIP products and partners in a continental distributed hydrological modeling system. Journal of Geophysical Research: Atmospheres,109(D7):1-32.

NAGLE R E, CLARK J R, HOLL M M, et al.,1967. Formulation and testing of a program for the objective assembly of meteorological satellite cloud observations. Monthly Weather Review, 95(4): 171-187.

NAKANO S, UENO G, HIGUCHI T, 2007. Merging particle filter for sequential data assimilation. Nonlinear Processes in Geophysics, 14(4): 395-408.

PANOFSKY R A, 1949. Objective weather-map analysis. Journal of Meteorology, 6(6): 386-392.

RICHARDSON L F, 1922. Weather Prediction by Numerical Process. Cambridge: Cambridge University Press.

REN F, WU X L, ZHANG K X, et al, 2015. Application of wavelet analysis and a particle swarm-optimized support vector machine to predict the displacement of the Shuping landslide in the Three Gorges, China. Environmental Earth Sciences, 73(8): 4791-4804.

RODELL M, HOUSER P, JAMBOR U, et al., 2004. The global land data assimilation system. Bulletin of the American Meteorological Society, 85(3): 381-394.

TOMáS R, LI Z, LIU P, et al., 2014. Spatiotemporal characteristics of the Huangtupo landslide in the Three Gorges region (China) constrained by radar interferometry. Geophysical Journal International, 197(1): 213-232.

SAKOV P, OKE P R, 2008. A deterministic formulation of the ensemble Kalman filter: An alternative to ensemble square root filters. Tellus A, 60(2): 361-371.

SENG H S, 2013. A New Approach of Moving Average Method in Time Series Analysis. 2013 Conference on New Media Studies (CoNMedia), Tangerang: 1-4.

SHI X G, ZHANG L, BALZ T, et al, 2015. Landslide deformation monitoring using point-like target offset tracking with multi-mode high-resolution TerraSAR-X data. ISPRS Journal of Photogrammetry and Remote Sensing, 105: 128-140.

SUNAHARA Y, 1970. An approximate method of state estimation for nonlinear dynamical systems. Journal of Basic Engineering, 92(2): 385-393.

TALAGRAND O, 1997. Assimilation of observations, an introduction. Journal of the Meteorological Society of Japan, 75(1): 191-209.

THOMPSON P D, 1969. Reduction of analysis error through constraints of dynamical consistency. Journal of Applied Meteorology, 8(5): 738-742

WANG F W, ZHANG Y M, HUO Z T, et al. , 2008. Movement of the Shuping landslide in the first four years after the initial impoundment of the Three Gorges Dam Reservoir, China. Landslides, 5(3): 321-329.

WEN X H, CHEN W H, 2005. Real-time reservoir model updating using ensemble Kalman Filter with confirming option. SPE Journal, 11(4): 431-442.

XIE X H, ZHANG D X, 2010. Data assimilation for distributed hydrological catchment modeling via ensemble Kalman filter. Advances in Water Resources, 33(6): 678-690.

XIE X H, ZHANG D X, 2013. A partitioned update scheme for state-parameter estimation of distributed hydrologic models based on the ensemble Kalman filter. Water Resources Research, 49(11): 7350-7365.

XU F, WANG Y, DU J, et al. , 2011. Study of displacement prediction model of landslide based on time series analysis. Chin J. Rock Mechan Eng. , 30(4): 746-751.

YANG K, WATANABE T, KOIKE T, et al., 2007. Auto-calibration system developed to assimilate

AMSR-E data into a land surface model for estimating soil moisture and the surface energy budget. Journal of the Meteroligical Society of Japan,85(A):229-242.

YANG K,KOIKE T,KAIHOTSU I,et al.,2009. Validation of a Dual-Pass Microwave Land Data Assimilation System for Estimating Surface Soil Moisture in Semiarid Regions. Journal of Hydrometeorology,10(3):780-793.